W0268014

H. Reuter

Die Wettervorhersage

Einführung in die Theorie und Praxis

59 Abbildungen im Text und auf 2 Ausschlagtafeln.
XIII, 208 Seiten. 1976.
Gebunden DM 119,--
ISBN 3-211-81327-6

Neben der vorwiegend empirisch orientierten synoptischen Wettervorhersage hat in den letzten Jahren die numerisch-mathematische Methode der Vorausberechnung von Feldverteilungen meteorologischer Elemente in zunehmendem Maße an Bedeutung gewonnen. Auch bei der Analyse der Wetterkarte dominieren heute die objektiven rechnerischen Methoden, können jedoch derzeit die Arbeit des Meteorologen noch nicht ganz ersetzen. Wesentlich neue Erkenntnisse brachte auch die Satellitenmeteorologie. Um diesen Tatsachen gerecht zu werden, werden in dem Buch die empirisch-synoptischen wie auch die theoretischen Arbeitsweisen möglichst gleichmäßig berücksichtigt. Es werden die heute noch verwendbaren synoptischen Regeln und Analysenmethoden ebenso erläutert wie die rein mathematischen Methoden der numerischen Integration von Modellgleichungen. Das Buch soll sowohl einen Einblick in die moderne Problematik der Wetterprognose vermitteln als auch dem Studierenden einen Weg zum Verständnis der Spezialliteratur eröffnen. Es ist auch als Text für Vorlesungen über theoretische Synoptik und Einführung in die numerische Wettervorhersage geeignet.

Inhaltsübersicht:

Der synoptische Wetterzustand und seine Analyse. – Synoptische Methoden der Vorhersage. – Theorie der mathematischen Wettervorhersage: Numerische Integration der Prognosengleichungen und das Problem der Filterung. Das adiabatische Modell einer reibungsfreien trockenen Atmosphäre. Das barotrope Modell. Einfache barokline Modelle. Die Zyklogenese. Beispiel einer numerischen Vorausberechnung der Isohypsen der 500mb-Topographie mit barotropen und baroklinen Modellen. Die Ausbreitung von Luftverunreinigungen in der Atmosphäre.

Springer-Verlag
Wien GmbH

72.–73. Jahresbericht

des

Sonnblick-Vereines

für die Jahre 1974–1975

Geleitet von Prof. Dr. F. Steinhauser

Mit 30 Abbildungen im Text

1976

Springer-Verlag Wien GmbH

ISBN 978-3-211-81421-5 ISBN 978-3-7091-5624-7 (eBook)
DOI 10.1007/978-3-7091-5624-7

Inhalt

Seite

Zur Berechnung der Schneeverdunstung auf dem Sonnblick

Von Adele und Friedrich Lauscher, Wien

Mit 2 Abbildungen

1. Einleitung

Seit John Daltons Zeiten (1766—1844) und seinen „Meteorological Essays and Observations", London 1793, 2. Aufl. 1834, wird nicht bezweifelt, daß die Verdunstung proportional dem Unterschied zwischen dem Sättigungsdruck der Oberfläche und dem Dampfdruck des Materials im umgebenden Raume ist. Doch ist der Proportionalitätsfaktor nach wie vor die große Unbekannte geblieben. Er ist völlig abhängig von den lokalen Umständen. Man kann ihn daher mit Gewißheit auch nur durch Messungen an Ort und Stelle erkunden.

Doch kann man immerhin anderswo gefundene empirische Näherungsformeln probeweise anwenden. Man wird so zumindestens die Größenordnung der Verdunstung abschätzen können. Außerdem wird man bei Durchrechnung vieler tausender Einzelfälle vertiefte Einsichten in die jahreszeitlichen und die witterungsbedingten Variationen der Verdunstung gewinnen. Insbesondere wird man gewahr, wie oft gerade im Hochgebirge „negative Verdunstung", also Kondensation eintritt. Die Vielfalt von Meinungen, welche in der einschlägigen Fachliteratur zur Frage der Schneeverdunstung im Hochgebirge vertreten wird, kann für den speziellen Fall der Schneedecke in der Nähe des Sonnblick-Observatoriums auf Grund der hier vorgelegten Berechnungen vielleicht ein wenig eingeengt werden.

2. Grundlagen der Berechnungen

Die Working Group on Evaporation Measurement der World Meteorological Organization [1] empfiehlt zwei Formeln zur Abschätzung der Verdunstung einer Schneedecke, eine von P. P. Kuzmin, USSR, die zweite vom Central Sierra Snow Laboratory in California, USA. Die Formeln sind einander sehr ähnlich, berücksichtigen aber beide nicht eine eventuelle Luftdruckabhängigkeit der Verdunstungsgröße. Nach der amerikanischen Formel ist die Verdunstung proportional der Windgeschwindigkeit, nach der russischen gibt es auch bei „Windstille" Verdunstung. Wir haben daher die Formel von Kuzmin verwendet. Sie lautet:

$$V = (0{,}18 + 0{,}098u)\ (E_s - e). \tag{1}$$

V ist die Verdunstung in mm/Tag; u die Windgeschwindigkeit (in 10 m Höhe) in m/sek; E_s der Sättigungsdruck in mb bei der Oberflächentemperatur des Schnees; e der Dampfdruck in mb (in 2 m Höhe).

Wir berechneten die Verdunstung für jeden einzelnen Terminwert des Zeitraums vom Oktober 1969 bis inkl. September 1974. Vor 1971 waren die Beobachtungstermine 7, 14 und 21 Uhr, nachher 7, 14 und 19 Uhr. Zunächst wird die Verdunstungsgröße für jeden Termin so berechnet, als sei er für den ganzen Tag repräsentativ. Die Ableitung der Tagessummen der Verdunstung aus den drei Terminen wird später beschrieben.

Die Windwerte werden durch Umwandlung aus den Beaufortschätzungen gewonnen. Bei starkem Wind stützen sich die Beobachter erfahrungsgemäß auf die Anzeige des Windschreibers, dessen nominelle Höhe 12,3 m über dem kleinen Gipfelplateau ist.

Die Dampfdruckwerte e stammen von Psychrometermessungen in der 6,7 m über dem Boden befindlichen Thermometerhütte. Es kann sein, daß diese Werte — namentlich im Sommer — nicht immer identisch sind mit den Dampfdruckwerten in 2 m Höhe über der eigentlichen Schneedecke.

Da e in Torr-Angabe vorliegt, wurden die Konstanten der Kuzmin-Formel mit $^4/_3$ multipliziert.

Die heikelste Größe ist natürlich E_s (t_s), da die wahre Oberflächentemperatur der Schneedecke t_s meistens unbekannt ist. Nur bei Schneeschmelze kann man sie allgemein mit 0° C setzen und E_s wird dann stets gleich 4,58 Torr sein. Für Zeiten nicht schmelzenden Schnees machen wir zunächst die Annahme $t_s = t_E'$, setzen also in erster Annäherung die Schneeoberflächentemperatur gleich der Feuchttemperatur (über Eis) nach der Psychrometermessung. Für die 127 (von 5478) Terminen, bei denen wegen zu kurzer Aspirationszeit Wasser statt Eis am Feuchtthermometer war, wurde t_E' aus t und e rechnerisch ermittelt.

Erfreulicherweise gibt es, eingeführt durch W. Mahringer [2], seit 1969 wenigstens für den Frühtermin tägliche Messungen der Schneetemperatur in (rund) 1 cm (und in 10 cm) Tiefe. Wir werden später darlegen, wieweit sich die Verdunstungsberechnungen modifizieren, wenn man statt der Feuchttemperaturen diese in der obersten Schneeschichte gemessenen Temperaturen benützt. Im Sommer unterblieben allerdings zeitweise die Ablesungen der Schneetemperatur aus meßtechnischen Gründen, doch wird zu dieser Zeit der Meßwert von 0° nicht sehr verschieden gewesen sein.

Es seien noch die Zahlenwerte des Windfaktors der Kuzmin-Formel mitgeteilt, welche man erhält, wenn man die Windstärke in Beaufortgraden schätzt und die Dampfdrucke in Torr angibt:

Windstärke	0	1	2	3	4	5	6	7
Windfaktor	0,27	0,40	0,57	0,80	1,08	1,37	1,70	2,06
Windstärke	8	9	10	11	12	13	14	15
Windfaktor	2,42	2,84	3,30	3,78	4,31	4,93	5,62	6,38

Schließlich folge noch ein Berechnungsmuster:

5. Oktober 1969, 21 Uhr: Trockentemperatur 1,3°; Dampfdruck 1,7 Torr; Feuchttemperatur über Wasser — 3,7°; Feuchttemperatur über Eis — 3,9°; Sättigungsdruck über Eis 3,26 Torr; Sättigungsdefizit 3,26—1,7 = 1,56 Torr; Windfaktor bei Beaufort 1 0,40; daraus Verdunstung 0,62 mm/Tag.

(Vielfach empfiehlt sich die vereinfachte Angabe in Zehntelmillimetern pro Tag, das wäre im vorliegenden Falle die Zahl 6.)

3. Terminweise berechnete Werte der Schneeverdunstung auf dem Sonnblick

Tab. 1 enthält in der soeben beschriebenen, vereinfachten Form die Berechnungsergebnisse für jeden einzelnen der 5478 Termine des 5jährigen Zeitraums von Oktober 1969 bis inkl. September 1974. In dieser Zeit schwankten die Windstärken auf dem Sonnblick zwischen Windstille und dem Beaufortgrad 14. Die Verdunstung war bei den ärgsten Stürmen nur gering, da der Gipfel meist umhüllt war. Die Feuchttemperaturen schwankten zwischen — 33,0° C am 6. März 1971, 7 Uhr und + 9,4° C am 7. August 1970, 14 Uhr. Aus den Daten des kältesten Termins resultiert eine verschwindend kleine Verdunstung, da trotz Windstärke 6 dieser Betrag bei einem Dampfdruck von nur 0,2 Torr auf jeden Fall nur klein sein konnte. Am wärmsten Termin war der Dampfdruck mit 8,8 Torr bei weitem höher als der Sättigungsdruck über schmelzendem Eis 4,58 Torr. Trotzdem der Wind nur Beaufortgrad 1 erreichte, errechnet sich aus diesem Termin nominell eine Tagungsverdunstung von — 1,69 mm, also Kondensation beträchtlichen Ausmaßes.

Die Extremwerte der aus den Terminwerten errechneten Verdunstung, ausgedrückt in mm/Tag waren:

+ 4,24 mm/Tag, errechnet aus dem Termin 27. Oktober 1969, 21 Uhr mit Windstärke 7, Feuchttemperatur — 4,1, Dampfdruck 1,2 bei Bewölkung 3.

— 5,79 mm/Tag (Kondensation), errechnet aus dem Termin 20. August 1971, 14 Uhr mit Windstärke 7, Feuchttemperatur 7,7 (Schneetemperatur 0,0), Dampfdruck 7,4 bei Bewölkung 6.

Die Originallisten zur Ableitung der Zahlen von Tab. 1 enthalten termin- und monatsweise die folgenden Beobachtungsdaten des Gipfelobservatoriums Sonnblick, 3106 m, 47°03′ N, 12°57′ E: Windstärke in Beaufortgraden, Feuchttemperatur in °C über Eis, Dampfdruck in Torr, ferner die Bewölkung in Zehntel der Himmelfläche sowie für den Frühtermin die Schneeoberflächentemperatur (gemessen in etwa 1 cm Tiefe) in °C. Es folgen die Rechengrößen: Windfaktor nach der Kuzmin-Formel, Sättigungsdruck E_s' (als Höchstwert wird 4,58 Torr verwendet), das Sättigungsdefizit und schließlich die berechnete Verdunstungsgröße in mm/Tag, in den Originalen auf Hundertstel.

In Tab. 1 sind von allen diesen (mehr als 50 000) Zahlen aus Raumersparungsgründen nur die Endwerte der Verdunstung angegeben und diese abgerundet auf Zehntelmillimeter/Tag. Die neben den Terminwerten stehenden Tagessummen wurden unter der Annahme errechnet, daß die Mittel aus den Terminen (a + b) : 2, (b + c) : 2, (c + a) : 2 jeweils für die Stundenintervalle zwischen den Terminen a, b, c gültig sind. Für die vor 1971 verwendeten Termine a = 7^h, b = 14^h, c = 21^h lautet die Formel für die Tagesverdunstung $V = 0{,}354\,(a + c) + 0{,}292\,b$. Ab 1971 wurde der Abendtermin auf 19^h vorverlegt und man muß dann mit $V = 0{,}396\,a + 0{,}250\,b + 0{,}354\,c$ rechnen.

Sobald man über direkte Messungen der Verdunstung verfügt, wird es sich vielleicht lohnen, unter Beachtung der wahren Tagesgänge, eine verbesserte Formel zur Berechnung der Tagessummen aufzustellen. Vielleicht wird man auch die Tagessummen nicht wie hier von 0 bis 24 Uhr ableiten, sondern zwecks Vergleiches mit den Niederschlagsmessungen von 7 bis 7 Uhr.

Die in der Zeile Su. stehenden Monatssummen decken sich im Falle der Terminwerte genau mit den aus den einzelnen Tagen berechenbaren Summen. Im Falle der

Tagessummen sind sie jedoch fast immer etwas größer als die Summe der in der Tabelle aufscheinenden Tagessummen, da diese in den Originalen noch auf eine Stelle genauer berechnet worden waren und für die vereinfachten Werte der Tabelle öfter ab- als aufgerundet werden mußte.

4. Typen des Tagesganges der Schneeverdunstung

In Tab. 2 sind 7 Typen des täglichen Verlaufes der Verdunstung unterschieden, soweit er sich nach den Terminen (Abkürzung T) aufgliedern läßt:

1. Dauerkondensation (alle 3 Termine ergeben negative Verdunstungswerte).
2. Langzeitkondensation (2 Termine mit Kondensation, Tagessumme der Verdunstung negativ).
3. Kurzzeitkondensation (nur 1 Termin mit Kondensation, aber trotzdem negative Tagessumme).
4. Nulltage [Tagessumme ergibt 0 mm Verdunstung, sei es, daß der Nullwert zu allen drei Terminen galt (56% der Fälle) oder daß von Null verschiedene Werte der Verdunstung oder der Kondensation der drei Termine eine zu kleine Tagessumme ergaben (44% der Fälle)].
5. Kurzzeitverdunstung (zwar nur 1 Termin mit Verdunstung, trotzdem positive Tagessumme der Verdunstung).
6. Langzeitverdunstung (2 Termine mit Verdunstung, Tagessumme der Verdunstung positiv).
7. Dauerverdunstung (von Null verschiedene Verdunstungswerte zu allen drei Terminen).

Von den 365,2 Tagen eines Normaljahres gibt es an 173,0, das sind 47,4% aller Tage, auf dem Hochgipfel Sonnblick keine meßbare Schneeverdunstung. Dieses Ergebnis wird wohl auch dann Gültigkeit behalten, wenn sich gewisse Korrekturen der nach der Kuzmin-Formel berechneten Zahlenwerte in quantitativer Hinsicht als notwendig erweisen sollten. Auch wird sich an der Tatsache nicht viel ändern können, daß 126,0 Tagen mit Verdunstung (34,5%) nicht weniger als 66,2 Tage mit Kondensation (18,1%) gegenüberstehen.

„Nulltage“ der Verdunstung mit Wolkenhauben um den Gipfel bei Frosttemperaturen gibt es in allen Jahreszeiten. Vielfach sind es die Tage starker Rauhreifbildung an geeigneten Objekten. Das auf vertikaler Instabilität der Luft gegründete Frühjahrsmaximum der Gipfelhauben kommt in einem Höchstwert der Nulltage von 21,2 im April deutlich zum Ausdruck.

Juli und August sind die Monate häufiger Kondensation aus relativ warmfeuchter Luft mit Dampfdrucken von mehr als 4,58 Torr. Immerhin gibt es auch im August im Durchschnitt nur 14,4 Tage im Normalmonat, an denen zu allen drei Terminen ein von Null verschiedener Wert der Kondensationsgröße errechenbar ist, doch nur an 2,2 Tagen überwiegt in der Tagessumme die Verdunstung.

Die Zeit stärkster Verdunstung der Schneedecke auf dem Sonnblick ist der Herbst (etwa Oktober bis Januar). Der Jahresgipfelwert von 15,0 Tagen mit Dauerverdunstung im Oktober ist eines der überraschenden, bisher unbekannten Ergebnisse der vorliegenden Studie.

Juni und September sind Übergangsmonate. Wohl überwiegen die Nulltage, doch kommen alle Typen von Tagen mit Verdunstung und mit Kondensation etwa gleich häufig vor.

Man kann den Jahresverlauf der Verdunstung etwa, wie folgt, gliedern:

Je Monat Tage mit ...	Verdunstung	Nulltage	Kondensation
Herbst und Frühwinter (Okt.—Jan.)	**17,2**	13,2	0,4 Tage
Spätwinter und Frühjahr (Feb.—Mai)	10,0	**19,4**	0,6 Tage
Übergangsmonate (Juni, Sept.)	6,5	**16,4**	10,1 Tage
Sommer (Juli, Aug.)	2,1	7,8	**21,1** Tage

Die wenigen Tage mit Kondensation im Winter erbringen quantitativ fast nichts und können zum Teil natürlich auch auf Unsicherheiten in der Feuchtemessung zurückzuführen sein.

Um den etwas störenden Einfluß der ungleichen Länge der einzelnen Monate auf den Jahresgang zu eliminieren, sind in Tab. 3 die Anteile der einzelnen Typen des Tagesganges der Verdunstung in Promille umgerechnet. Durch Aufsummieren von der untersten Verdunstungsstufe her, der Tage mit Kondensation zu allen drei Terminen, konnten

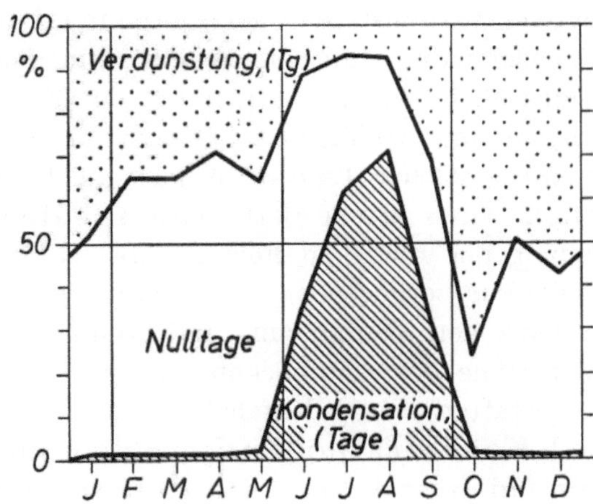

Abb. 1. Jahresgang der Tage mit Verdunstung (V), der Tage mit Kondensation (K) und der „Nulltage“ (N, zumeist Nebel und Frost) nach Berechnungen der Verdunstung einer ausgedehnten Schneedecke auf dem Sonnblick mit Hilfe der Formel von Kuzmin. Man kann drei Hauptabschnitte des Jahres von je 4 Monaten Länge unterscheiden: Spätwinter und Frühjahr: N herrscht neben V vor; Sommer: K herrscht neben N vor; Herbst und Frühwinter: V herrscht neben N vor. Die Hauptverdunstungszeit ist der Herbst.

die Linienzüge in Abb. 1 erhalten werden. Um das Bild nicht zu überlasten, ist allerdings nur unterschieden worden zwischen den Hauptstufen V = Tage mit Verdunstung, N = „Nulltage“ (Nebel und Frost vorherrschend) und K = Tage mit Kondensation. Die Übergangsmonate Juni und September zum „Sommer“ rechnend wurden drei Hauptabschnitte des Jahres von je vier Monaten abgetrennt. Im Sommer überwiegen Tage mit Kondensation sowie Tage mit Nebel und Frost ohne nennenswerte Verdunstung, in allen anderen Monaten sind die Stufen Tage mit Verdunstung und Nulltage vorherrschend, wobei im Herbst die Tage mit Verdunstung dominieren, im Frühjahr die Tage mit Nebel.

Durch Witterungsschwankungen ergeben sich natürlich in Einzelmonaten bedeutende Abweichungen von der durchschnittlichen Häufigkeit der Typen. Sie können mit Hilfe der ausführlichen Zahlenwerte der Tab. 1 studiert werden, besonders, wenn man die in den Jahrbüchern der Zentralanstalt für Meteorologie und Geodynamik publizierten Extensowerte des Sonnblick-Observatoriums zu Vergleichen heranzieht.

Hier seien nur einige Extremfälle hervorgehoben: Tage mit Dauerverdunstung: Die Höchstzahl war 22 im Oktober 1969. Ihr fast gleich kommt die Zahl von 21 Tagen mit positiven Verdunstungswerten zu allen drei Terminen im Dezember 1972. Daß gar kein Tag mit Dauerverdunstung vorkommt, ist in den Monaten Juni bis August die Regel. Bemerkenswert sind die Fälle mit 0 Tagen Dauerverdunstung in den Monaten Februar 1970 und Mai 1974. Beide Male gab es je 22 Tage mit Dauernebel und Frost.

Nulltage: Die Höchstzahl von 25 Nulltagen weisen die Monate April 1972 und April 1973 auf, aber auch der März 1970. Einige Fälle schließen dicht an, darunter ein Dezembermonat (1969) mit 24 Nulltagen und die Monate November 1971 und März 1971 mit je 23 solcher Tage. Die geringste Zahl, nämlich 2 Nulltage, kam im August 1973 vor, doch kann es selbst im August auch relativ viele Tage ohne Verdunstung oder Kondensation geben, wie etwa 16 Nulltage im August 1972.

Tage mit Dauerkondensation: Vom November bis Mai gibt es solche Tage nicht (im Dezember kamen auch keine Tage mit zwei oder nur einem Tag mit einem rechnerischen Wert negativer Verdunstung vor). 0 Tage mit Dauerkondensation gab es aber auch in den Übergangsmonaten zum Sommer ausnahmsweise: Juni 1974 und September 1972. Wieder zeigt sich selbst im Hauptmonat der Kondensation, dem August, eine bemerkenswerte Schwankung: 20 Tagen mit Kondensation zu allen drei Terminen im August 1973 stehen nur 8 solcher Tage im August 1972 gegenüber.

Vermutlich werden auch diese witterungsbedingten Schwankungen schon durch die Anwendung der Kuzmin-Formel qualitativ richtig erfaßt, eine zweite Nutzanwendung, die zur vorliegenden Studie ermutigte. Die nun folgenden Berechnungen der Gesamtbilanz von Verdunstung und Kondensation auf einer geschlossenen Schneedecke in der Höhe des Sonnblickobservatoriums mögen quantitativ korrekturbedürftig sein, sie gestatten aber jedenfalls die Aussage, daß die Jahresbilanz von Verdunstung und Kondensation im Vergleich zu den hohen Werten der Niederschläge unbedeutend klein ist. Dies ist die dritte Nutzanwendung der Studie.

5. Monats- und Jahresbilanzen von Verdunstung und Kondensation

In den Tab. 4a—c sind die Monatssummen in Zehntelmillimeter angegeben. In den Originaltabellen war auf zwei Dezimalen genau gerechnet worden, hier wurde auf Zehntelmillimeter abgerundet. Die erste der drei Tabellen enthält die Verdunstungssummen getrennt für die drei Termine, jeweils in $^{1}/_{10}$ mm/Monat, die zweite analog die Summen negativer Verdunstung, also die Kondensationswerte. Nach dem bereits für Tab. 1 beschriebenen Verfahren wurden für Tab. 4c die mutmaßlichen Tagessummen monatsweise aufsummiert und auch die Monatsbilanz analog aus den Bilanzen der einzelnen Termine ermittelt. Wieder wurde für die Publikation zuletzt auf Zehntelmillimeter abgerundet.

Die Verdunstung hat ihr Jahresmaximum an Oktobermorgen, ihr Jahresminimum an Augustmittagen. Von April bis November ist der Morgenwert der höchste des Tages, von Dezember bis März der Mittagswert. Die wesentlichsten Züge des Jahresganges kehren alljährlich wieder, die Beträge selbst können allerdings witterungsbedingt von Jahr zu Jahr beträchtlich schwanken. Absolut genommen sind sie aber auf jeden Fall gering, geringer als mitunter angenommen worden war. Selbst im an Verdunstung reichsten Monat, dem Oktober 1969, resultieren nur Monatssummen um 30 mm aus den terminweisen Abschätzungen.

Tabelle 1: Berechnete Werte der Schneeverdunstung auf dem Sonnblick, abgerundete Beträge in Zehntelmillimeter pro Tag, aus den Terminbeobachtungen I = 7 Uhr, II = 14 Uhr, III = 21 Uhr, ab 1971 19 Uhr. In den mit S überschriebenen Spalten stehen die nach den im Text angegebenen Formeln errechneten Tagessummen, gleichfalls in Zehntelmillimetern/Tag.

1969	Oktober				November				Dezember			
	I	II	III	S	I	II	III	S	I	II	III	S
1.	0	0	0	0	17	26	34	26	1	3	7	4
2.	0	0	1	0	29	11	20	21	-1	34	0	10
3.	0	0	0	0	25	27	20	24	0	0	0	0
4.	20	4	34	20	17	28	40	28	0	0	1	0
5.	20	3	6	10	5	0	0	2	-1	0	0	-0
6.	11	6	9	9	1	5	5	4	1	2	-1	1
7.	17	4	10	11	9	-6	0	2	0	0	0	0
8.	18	3	10	11	0	0	0	0	0	0	0	0
9.	28	22	21	24	1	1	1	1	0	-1	0	-0
10.	10	21	7	12	0	0	0	0	0	0	0	0
11.	9	4	9	8	1	3	-2	1	0	0	0	0
12.	15	11	16	14	2	0	1	1	0	0	0	0
13.	23	16	4	14	0	0	0	0	0	0	0	0
14.	1	3	1	2	0	0	1	0	0	0	0	0
15.	0	0	0	0	1	0	0	0	1	0	0	0
16.	4	2	3	3	1	0	1	1	1	1	0	1
17.	6	3	13	8	3	1	0	1	0	1	0	0
18.	14	16	14	15	0	0	0	0	1	0	0	0
19.	28	20	20	23	0	0	1	0	0	1	0	0
20.	28	20	28	26	2	0	2	1	0	0	0	0
21.	18	6	5	10	4	0	0	1	1	0	0	0
22.	13	18	18	16	0	0	0	0	1	0	0	0
23.	7	5	1	4	0	0	0	0	0	0	0	0
24.	0	0	0	0	1	-1	0	0	0	0	0	0
25.	0	0	0	0	0	0	1	0	0	5	2	2
26.	1	0	0	0	0	0	0	0	7	3	8	6
27.	35	26	42	35	0	1	1	1	4	3	1	3
28.	5	21	9	11	0	0	1	0	0	0	1	0
29.	20	20	3	14	1	0	0	0	0	0	0	0
30.	0	0	0	0	0	0	1	0	0	1	0	0
31.	1	0	1	1					-1	0	1	0
Su.	352	254	285	300	120	96	128	117	15	53	20	28

Fortsetzung Tabelle 1

1970	Januar I	II	III	S	Februar I	II	III	S	März I	II	III	S
1.	0	0	0	0	0	0	0	0	1	1	0	1
2.	0	1	0	0	7	8	0	5	0	0	0	0
3.	1	1	3	2	-1	0	0	-0	0	0	1	0
4.	4	1	2	2	-1	0	1	0	0	1	0	0
5.	1	-1	0	0	0	0	0	0	0	0	0	0
6.	0	1	0	0	1	0	0	0	0	0	0	0
7.	0	0	4	1	0	1	0	0	0	0	0	0
8.	2	20	33	18	0	0	1	0	1	0	1	1
9.	0	3	0	1	1	0	0	0	0	0	0	0
10.	0	0	0	0	0	0	1	0	1	2	1	1
11.	0	5	0	2	1	1	-1	0	1	0	0	0
12.	1	0	1	1	0	2	1	1	0	0	0	0
13.	1	0	0	0	0	0	0	0	0	0	0	0
14.	0	0	0	0	0	1	1	1	0	0	0	0
15.	0	1	1	1	0	0	0	0	0	0	1	0
16.	0	0	1	0	0	0	-1	-0	1	0	0	0
17.	0	0	1	0	0	1	1	1	0	0	0	0
18.	1	1	-1	0	0	0	0	0	0	1	0	0
19.	0	1	-1	-0	1	1	0	1	0	1	0	0
20.	4	10	13	9	1	0	0	0	0	0	0	0
21.	5	1	0	2	0	0	0	0	0	0	2	1
22.	0	1	0	0	0	0	0	0	4	6	0	3
23.	2	3	5	3	0	0	1	0	0	0	0	0
24.	4	2	0	2	0	0	0	0	0	0	1	0
25.	1	5	18	8	0	0	1	0	0	0	0	0
26.	1	4	0	2	0	1	-1	-0	0	0	1	0
27.	1	0	0	0	2	1	0	1	0	0	0	0
28.	0	1	1	1	0	1	0	0	0	0	0	0
29.	5	4	3	4					0	0	0	0
30.	10	3	0	4					10	0	0	4
31.	0	0	0	0					1	0	0	0
Su.	44	68	84	66	12	18	5	12	20	12	8	14

1970	April I	II	III	S	Mai I	II	III	S	Juni I	II	III	S
1.	0	0	0	0	0	0	0	0	-1	0	0	-0
2.	0	1	0	0	1	0	1	1	0	0	0	0
3.	0	0	0	0	1	2	0	1	0	1	0	0
4.	0	0	0	0	0	0	0	0	0	0	0	0
5.	0	0	0	0	7	0	0	2	0	0	0	0
6.	0	0	1	0	0	0	0	0	0	0	0	0
7.	0	1	1	1	0	0	-1	-0	20	-6	-4	4
8.	1	0	0	0	-1	0	2	0	-3	-10	-7	-6
9.	1	0	0	0	0	0	1	0	-2	-8	-5	-5
10.	0	0	0	0	1	-1	-1	-0	0	-1	0	-0
11.	0	0	0	0	1	0	1	1	0	0	0	0
12.	0	0	0	0	1	1	1	1	0	0	0	0
13.	1	0	0	0	-1	4	0	1	0	-1	-1	-1
14.	-1	1	2	1	4	11	7	7	12	-3	0	3
15.	0	1	0	0	0	12	0	4	0	-6	-2	-2
16.	0	1	-1	-0	0	0	0	0	1	-8	-14	-7
17.	-1	0	-1	-1	0	0	-1	-0	-20	-17	-3	-13
18.	4	3	4	4	1	1	0	1	-1	-1	-1	-1
19.	11	13	3	9	1	0	0	0	3	-2	-1	0
20.	0	0	0	0	0	0	0	0	0	-2	-4	-2
21.	0	0	10	4	0	0	0	0	0	-2	0	-1
22.	0	0	6	2	1	0	-1	0	2	-6	-14	-6
23.	12	5	4	7	0	0	0	0	1	-4	-1	-1
24.	2	0	0	1	0	0	0	0	-1	-6	-2	-3
25.	0	0	0	0	0	3	0	1	-1	-9	-7	-6
26.	1	-1	0	0	0	0	0	0	-1	0	-2	-1
27.	0	0	0	0	0	0	0	0	2	-12	-29	-13
28.	0	0	0	0	0	0	0	0	-8	-16	-9	-11
29.	0	0	0	0	0	-2	1	-0	0	-7	-1	-2
30.	0	11	0	3	0	0	0	0	0	0	2	1
31.					0	0	0	0				
Su.	31	36	29	32	17	31	10	19	3	-126	-105	-73

Fortsetzung d.Tab.1

1970	Juli I	Juli II	Juli III	Juli S	August I	August II	August III	August S	September I	September II	September III	September S
1.	0	0	-4	-1	-1	-9	-6	-5	0	-2	-1	-1
2.	-5	-15	0	-6	-3	-10	-4	-5	0	-9	-7	-5
3.	0	0	0	0	1	-9	-1	-3	6	-12	-2	-2
4.	0	0	0	0	-2	-5	-9	-5	0	0	0	0
5.	0	0	-1	-0	-2	-13	-30	-15	4	-10	-7	-4
6.	-1	-2	1	-1	-8	-21	-47	-26	0	-6	-5	-4
7.	6	-2	-5	-0	-8	-17	-4	-9	0	7	10	6
8.	5	-19	-31	-15	4	-13	-11	-6	9	-16	-25	-10
9.	-8	-2	-7	-6	0	1	-1	-0	-9	-17	-10	-12
10.	-3	-15	-18	-12	0	-7	0	-2	-2	-34	-32	-22
11.	-22	-10	-17	-17	0	-2	0	-1	-3	-31	-14	-15
12.	-22	-18	-18	-19	1	-7	-7	-4	-10	-20	-9	-12
13.	2	-12	-28	-13	-5	-7	-12	-8	0	-3	-1	-1
14.	-6	-40	-50	-32	16	-10	-12	-2	0	-2	6	2
15.	-2	0	2	0	-10	-25	8	-8	11	-10	-11	-3
16.	1	0	0	0	-15	-15	-13	-14	0	0	0	0
17.	0	1	0	0	-3	-4	0	-2	0	0	1	0
18.	1	0	1	1	13	9	-11	3	21	7	5	11
19.	1	0	0	0	5	-4	-9	-3	8	-1	4	4
20.	0	-1	0	-0	-2	-28	-22	-17	0	-2	-1	-1
21.	-3	-15	-20	-12	-7	-5	0	-4	-2	-4	-7	-4
22.	-17	-15	-10	-14	1	0	0	0	0	1	0	0
23.	0	-13	-1	-4	0	0	0	0	9	0	3	4
24.	-5	-37	-17	-18	0	0	0	0	8	3	6	6
25.	-2	-1	1	-1	0	0	0	0	7	3	0	3
26.	0	0	0	0	0	0	0	0	3	-1	0	0
27.	-2	-12	-15	-10	0	-1	-1	-1	4	3	5	4
28.	0	-6	-33	-13	-1	-3	-10	-5	13	7	6	9
29.	-7	-11	-17	-12	-4	-7	-7	-6	14	8	6	9
30.	-18	-27	-20	-22	-6	-6	-6	-6	8	10	0	6
31.	12	-5	-12	-1	-1	-1	-2	-1				
Su.	-95	-277	-318	-228	-37	-219	-217	-153	99	-131	-80	-33

1970	Oktober I	Oktober II	Oktober III	Oktober S	November I	November II	November III	November S	Dezember I	Dezember II	Dezember III	Dezember S
1.	0	0	0	0	15	13	9	12	0	0	0	0
2.	1	1	0	1	6	0	2	3	0	0	0	0
3.	0	0	0	0	0	-2	12	4	1	1	1	1
4.	0	1	1	1	5	24	15	14	1	1	0	1
5.	0	1	0	0	20	10	0	10	7	1	0	3
6.	3	-4	7	2	0	0	0	0	0	17	12	9
7.	5	-1	0	2	0	0	1	0	6	4	0	3
8.	0	12	1	4	2	0	0	1	0	2	9	4
9.	-10	-9	-12	-10	6	0	0	2	1	15	12	9
10.	5	-1	-3	0	0	0	0	0	16	12	19	16
11.	8	10	8	8	1	1	0	1	7	8	13	9
12.	21	19	12	17	3	7	12	7	8	26	18	17
13.	6	5	6	6	1	0	0	0	22	14	13	16
14.	2	0	0	1	1	0	0	0	4	7	4	5
15.	0	0	2	1	1	0	0	0	0	0	0	0
16.	5	0	28	12	0	0	0	0	1	12	7	7
17.	14	11	20	15	8	0	0	3	4	2	7	4
18.	16	12	16	15	0	0	1	0	3	2	0	1
19.	12	20	13	15	1	1	1	1	3	8	19	10
20.	0	0	0	0	0	0	1	0	2	6	4	4
21.	1	0	0	0	0	0	0	0	3	0	0	1
22.	0	0	0	0	1	0	0	0	0	0	0	0
23.	0	0	1	0	-1	1	8	3	0	0	-1	-0
24.	-1	-1	0	-1	4	7	9	7	0	0	0	0
25.	0	0	0	0	4	12	12	9	0	0	0	0
26.	18	6	20	15	10	5	5	7	0	1	1	1
27.	0	1	9	4	7	7	14	10	-1	1	0	-0
28.	9	12	16	12	8	14	6	9	1	1	0	1
29.	4	3	1	3	8	7	0	5	0	0	1	0
30.	12	11	23	16	0	0	0	0	0	0	0	0
31.	29	29	23	27					0	0	0	0
Su.	160	138	192	165	111	107	108	109	89	141	139	122

Fortsetzung d.Tab.1

1971	Januar I	Januar II	Januar III	Januar S	Februar I	Februar II	Februar III	Februar S	März I	März II	März III	März S
1.	1	0	0	0	0	1	0	0	0	0	1	0
2.	0	0	2	1	0	-1	0	-0	0	0	0	0
3.	0	-1	1	0	3	0	1	2	1	0	0	0
4.	0	-1	1	0	-1	-1	1	-0	0	1	0	0
5.	0	0	0	0	10	18	1	9	0	0	0	0
6.	0	0	0	0	28	20	21	24	1	1	0	1
7.	4	4	7	5	8	3	4	5	0	0	0	0
8.	12	1	0	5	2	3	0	3	0	7	3	3
9.	2	1	1	1	0	1	2	1	2	3	4	3
10.	1	0	0	0	8	9	10	9	0	0	0	0
11.	0	0	-1	-0	10	9	8	9	1	0	0	0
12.	2	2	2	2	11	5	2	6	0	0	1	0
13.	0	9	0	2	2	6	5	4	1	0	0	0
14.	0	0	0	0	1	0	0	0	1	1	0	1
15.	0	1	0	0	0	0	1	0	0	1	0	0
16.	0	0	0	0	0	0	0	0	0	0	0	0
17.	1	1	3	2	1	0	0	0	0	0	0	0
18.	3	6	3	4	0	0	1	0	1	0	0	0
19.	1	1	1	1	0	1	0	0	2	0	0	1
20.	1	0	0	0	1	0	0	0	1	0	0	0
21.	0	1	1	1	0	0	0	0	1	0	0	0
22.	1	0	0	0	0	0	0	0	0	0	2	1
23.	1	0	0	0	0	0	0	0	0	-4	0	-1
24.	1	0	0	0	0	0	0	0	0	0	0	0
25.	0	0	1	0	1	0	0	0	0	1	0	0
26.	0	0	1	0	0	0	0	0	0	0	0	0
27.	0	0	0	0	0	0	0	0	1	0	1	1
28.	1	1	1	1	0	1	0	0	0	0	0	0
29.	0	0	0	0					0	1	0	0
30.	1	1	1	1					0	0	0	0
31.	0	0	1	0					0	1	0	0
Su.	33	27	26	29	85	75	57	73	13	13	12	13

1971	April I	April II	April III	April S	Mai I	Mai II	Mai III	Mai S	Juni I	Juni II	Juni III	Juni S
1.	1	1	0	1	0	0	0	0	0	0	0	0
2.	0	0	0	0	2	0	1	1	0	-1	0	-0
3.	0	0	0	0	0	0	2	1	0	-2	-1	-1
4.	0	0	0	0	0	0	0	0	1	-3	-3	-2
5.	0	0	0	0	0	0	0	0	0	-7	-4	-3
6.	0	1	0	0	0	3	0	1	-2	0	-1	-1
7.	0	0	0	0	5	7	0	4	0	-1	0	-0
8.	3	3	0	2	11	3	0	5	0	0	0	0
9.	2	2	2	2	7	1	1	3	0	0	1	0
10.	0	0	0	0	7	0	0	3	0	1	0	0
11.	0	0	0	0	0	7	1	2	0	0	0	0
12.	0	0	0	0	1	0	0	0	0	0	0	0
13.	5	0	1	2	0	0	0	0	0	0	0	0
14.	1	0	1	1	3	0	0	1	0	0	0	0
15.	14	9	3	9	2	1	0	1	0	1	0	0
16.	3	3	1	2	1	0	0	0	0	0	0	0
17.	0	0	0	0	5	-3	-16	-4	0	0	0	0
18.	6	0	3	4	15	3	6	9	0	0	0	0
19.	2	1	0	1	6	0	9	6	0	0	0	0
20.	2	2	0	1	7	7	0	5	0	0	0	0
21.	4	2	0	2	0	1	-1	-0	0	-4	-1	-1
22.	3	2	0	2	2	0	0	1	4	-11	-5	-3
23.	1	0	1	1	0	0	0	0	6	4	0	3
24.	1	0	0	0	0	0	0	0	-7	-8	-2	-6
25.	0	0	0	0	0	0	0	0	-1	-4	-5	-3
26.	1	0	0	0	1	0	0	0	-2	-11	-7	-6
27.	0	0	0	0	0	0	1	0	0	0	0	0
28.	0	2	0	0	0	0	0	0	1	0	-7	-2
29.	0	5	3	2	0	0	0	0	0	0	0	0
30.	7	1	1	3	0	0	0	0	0	0	0	0
31.					0	0	0	0				
Su.	56	34	16	37	75	30	4	39	0	-46	-35	-24

Fortsetzung zu Tab.1

1971	Juli				August				September			
	I	II	III	S	I	II	III	S	I	II	III	S
1.	0	-1	0	-0	-6	-17	-13	-11	0	0	0	0
2.	0	0	0	0	-2	-12	-5	-6	0	0	0	0
3.	8	-1	0	3	-1	-20	-4	-7	0	6	10	5
4.	12	-2	-3	3	0	-6	-8	-4	1	-1	-9	-3
5.	3	-11	-10	-5	-23	-31	-5	-19	-1	-3	-4	-3
6.	0	-4	-6	-3	-11	-50	-39	-31	0	1	1	1
7.	1	-8	-19	-8	-11	-29	-26	-21	28	23	23	25
8.	34	-7	-14	7	-21	0	-10	-12	18	0	0	7
9.	22	-6	-21	-0	1	-1	19	7	0	0	7	2
10.	8	-4	-4	1	1	-5	-33	-12	4	3	0	2
11.	7	-4	0	2	-7	-37	-23	-20	0	0	0	0
12.	-6	-5	-7	-6	0	0	-6	-2	0	0	0	0
13.	-9	-15	-4	-9	7	-21	-23	-11	0	0	0	0
14.	0	-10	-16	-8	3	-16	-36	-16	0	0	0	0
15.	4	-8	-7	-3	-1	-21	-16	-11	0	0	0	0
16.	0	-11	-14	-8	-4	-15	-8	-8	0	0	1	0
17.	-12	-15	-7	-11	10	-4	1	3	0	0	0	0
18.	-19	-18	-2	-13	26	1	6	12	1	0	0	0
19.	-1	0	0	-0	6	3	-24	-5	3	4	1	3
20.	0	0	0	0	2	-58	-35	-26	6	4	3	4
21.	0	0	0	0	-16	-44	-29	-27	10	3	-1	4
22.	0	0	0	0	-4	-8	-12	-8	17	1	-4	6
23.	-1	-4	-6	-4	-3	-5	-1	-3	9	0	0	4
24.	2	-6	-4	-2	0	-5	0	-1	-2	-5	0	-2
25.	4	-6	-12	-4	0	-8	-11	-6	0	0	3	1
26.	-4	-10	-15	-9	-8	-35	-13	-17	0	1	0	0
27.	-1	-16	-17	-10	0	0	0	0	0	1	0	0
28.	-26	-35	-15	-24	0	1	0	0	0	0	0	0
29.	-3	-8	-7	-6	10	-8	-13	-3	1	0	1	1
30.	-6	-10	-10	-8	1	-10	-8	-5	0	0	0	0
31.	9	-10	-8	-2	0	0	0	0				
Su.	26	-235	-228	-129	-51	-461	-375	-268	95	36	32	58

1971	Oktober				November				Dezember			
	I	II	III	S	I	II	III	S	I	II	III	S
1.	0	2	0	0	11	1	1	5	0	0	0	0
2.	3	8	7	6	0	1	0	0	0	0	0	0
3.	17	0	5	8	0	1	0	0	0	0	0	0
4.	8	2	0	4	10	1	11	8	0	0	2	1
5.	1	3	1	2	14	21	20	18	0	0	0	0
6.	19	13	16	16	16	-1	0	6	0	2	7	3
7.	15	15	9	13	2	0	0	1	14	17	16	15
8.	13	13	15	14	0	0	0	0	12	0	1	5
9.	10	10	14	12	0	0	0	0	0	0	0	0
10.	3	0	1	2	0	0	0	0	0	1	0	0
11.	2	2	1	2	0	0	0	0	0	0	0	0
12.	3	1	0	1	0	0	0	0	2	0	0	1
13.	2	1	0	1	0	0	0	0	9	9	11	10
14.	-1	0	-1	-1	0	0	-2	-1	14	0	13	10
15.	1	0	0	0	0	0	0	0	21	21	22	21
16.	0	2	22	8	0	0	0	0	26	7	22	20
17.	12	7	4	8	0	1	0	0	13	4	1	6
18.	1	1	14	6	0	1	0	0	7	16	13	11
19.	21	21	3	15	1	0	1	1	8	14	8	10
20.	4	9	4	5	0	0	1	0	0	0	0	0
21.	0	2	0	0	1	-1	-1	-0	0	1	1	1
22.	14	12	17	15	0	0	1	0	5	8	4	5
23.	13	0	3	6	0	0	0	0	8	9	4	7
24.	9	8	12	10	0	0	0	0	7	7	9	8
25.	8	6	14	10	0	0	0	0	5	11	10	8
26.	10	0	7	6	0	0	0	0	20	15	15	17
27.	15	8	6	10	0	0	1	0	6	3	2	4
28.	14	11	7	11	0	1	0	0	0	0	1	0
29.	8	4	6	6	0	0	0	0	0	1	0	0
30.	6	3	0	2	0	1	0	0	1	-1	1	1
31.	0	0	3	1					1	0	1	1
Su.	231	164	190	200	55	27	33	40	179	145	164	165

Fortsetzung d.Tab.1

1972	Januar I	II	III	S	Februar I	II	III	S	März I	II	III	S
1.	0	0	0	0	0	0	0	0	0	0	0	0
2.	0	0	0	0	0	1	0	0	0	0	0	0
3.	4	1	0	2	17	3	5	9	1	11	0	3
4.	1	6	6	4	1	0	1	1	0	-1	0	-0
5.	0	0	3	1	1	0	-5	-1	0	0	-1	-0
6.	4	2	2	3	0	0	4	1	0	0	0	0
7.	2	5	6	4	0	11	11	7	1	0	1	1
8.	0	4	1	1	9	3	0	4	0	0	0	0
9.	2	7	4	4	0	-1	1	0	0	0	0	0
10.	0	1	0	0	0	0	0	0	1	0	1	1
11.	-1	1	3	1	1	1	1	1	0	0	0	0
12.	1	3	4	2	0	0	0	0	1	0	1	1
13.	3	11	5	6	0	0	0	0	1	0	0	0
14.	2	5	2	3	0	1	1	1	3	4	3	3
15.	4	2	3	3	1	1	0	1	2	5	4	3
16.	12	11	10	11	0	2	4	2	7	8	10	8
17.	0	1	0	0	6	18	12	11	14	10	12	12
18.	0	0	0	0	1	2	0	1	6	4	4	5
19.	0	0	1	0	0	1	0	0	11	7	8	9
20.	0	0	0	0	0	0	1	0	6	3	0	3
21.	0	0	0	0	0	0	0	0	1	0	0	0
22.	0	0	0	0	0	0	0	0	1	0	0	0
23.	2	0	0	1	1	0	7	3	7	0	3	4
24.	0	0	0	0	0	0	3	1	0	1	9	3
25.	0	0	0	0	0	0	0	0	8	9	8	8
26.	0	1	0	0	0	0	0	0	5	5	0	3
27.	4	0	0	2	0	0	0	0	0	1	0	0
28.	0	0	0	0	0	0	0	0	0	0	0	0
29.	0	0	0	0	0	0	0	0	0	3	0	1
30.	0	0	0	0					5	0	1	2
31.	0	0	0	0					6	6	1	4
Su.	40	61	50	49	38	43	46	42	87	76	65	76

1972	April I	II	III	S	Mai I	II	III	S	Juni I	II	III	S
1.	0	0	0	0	1	1	1	1	0	0	0	0
2.	1	0	0	0	13	2	1	6	0	-1	0	-0
3.	7	6	7	7	7	0	0	3	0	0	0	0
4.	1	5	0	2	0	0	0	0	19	-7	-6	4
5.	0	0	1	0	0	0	0	0	16	-1	0	6
6.	1	0	1	1	0	1	0	0	15	1	0	6
7.	0	0	0	0	0	0	0	0	0	-3	-4	-2
8.	0	0	0	0	0	3	0	1	3	0	0	1
9.	0	9	3	3	0	0	0	0	0	0	0	0
10.	0	1	0	0	0	0	0	0	0	3	0	1
11.	0	0	1	0	0	0	0	0	0	0	0	0
12.	0	0	0	0	0	0	0	0	0	0	0	0
13.	1	0	0	0	8	0	0	3	0	0	0	0
14.	1	0	0	0	1	0	0	0	3	1	0	1
15.	0	0	0	0	0	1	0	0	0	0	1	0
16.	0	1	0	0	0	0	0	0	0	0	0	0
17.	0	0	0	0	0	0	1	0	0	0	0	0
18.	0	0	0	0	1	0	0	0	0	0	0	0
19.	0	0	0	0	0	0	0	0	6	0	0	2
20.	0	0	0	0	0	1	0	0	0	-3	-3	-2
21.	0	0	0	0	0	0	0	0	-2	-3	-6	-4
22.	0	0	0	0	0	1	2	1	-4	-13	-11	-9
23.	1	0	0	0	2	5	0	2	-4	-2	0	-2
24.	0	0	0	0	5	5	1	4	0	0	0	0
25.	0	1	0	0	6	1	1	3	0	6	10	5
26.	0	0	0	0	11	0	-3	3	21	0	-4	7
27.	0	0	0	0	0	0	0	0	3	-1	-4	-0
28.	0	0	0	0	0	0	0	0	-1	-6	-8	-5
29.	0	0	3	1	0	0	0	0	-7	-9	-5	-7
30.	0	0	0	0	0	-4	0	-1	-7	-5	0	-4
31.					0	0	0	0				
Su.	13	23	16	17	55	17	4	28	61	-44	-40	-0

Fortsetung d.Tab.1

1972	Juli I	Juli II	Juli III	Juli S	August I	August II	August III	August S	September I	September II	September III	September S
1.	0	0	0	0	0	0	0	0	0	1	0	0
2.	0	0	1	0	1	0	0	0	0	0	0	0
3.	0	0	0	0	0	0	0	0	0	0	0	0
4.	0	-3	-2	-2	-3	0	1	-1	2	0	1	1
5.	2	-2	-1	-0	3	0	-1	1	4	1	3	3
6.	-1	-2	0	-1	2	-6	1	-0	3	-2	0	1
7.	0	-4	-5	-3	3	-1	2	2	1	2	-1	0
8.	7	-2	1	2	-3	-6	-12	-7	5	-2	-3	0
9.	4	-8	-20	-8	-13	-10	-10	-11	0	-1	-1	-1
10.	0	-16	0	-4	-7	-10	-11	-9	4	-6	-4	-1
11.	0	0	1	0	13	-3	-13	-0	1	-1	0	0
12.	0	0	0	0	-33	-27	-34	-32	2	0	0	1
13.	0	0	0	0	-3	-21	-12	-11	0	0	0	0
14.	0	0	0	0	-6	1	-24	-11	0	0	0	0
15.	0	-2	-5	-2	-18	-12	-9	-13	0	0	0	0
16.	-6	-8	-5	-6	-3	-4	-3	-3	0	0	0	0
17.	-11	-9	-7	-9	-3	-3	-2	-3	1	1	0	1
18.	-2	-7	-7	-5	0	0	0	0	0	0	0	0
19.	-7	-9	-11	-9	0	0	1	0	0	0	0	0
20.	-10	-22	-9	-13	0	0	0	0	0	0	0	0
21.	-14	-17	-17	-16	0	1	0	0	0	0	2	1
22.	-21	-10	-15	-16	0	0	0	0	6	8	10	8
23.	-14	-11	-14	-13	0	0	0	0	0	0	0	0
24.	0	-10	-12	-7	0	0	0	0	1	0	0	0
25.	-6	-8	-8	-7	0	0	0	0	0	0	0	0
26.	1	-4	-2	-1	0	0	0	0	3	1	0	1
27.	-1	-5	-3	-3	6	-3	-1	1	2	0	0	1
28.	-3	-7	1	-3	0	-2	-1	-1	1	0	0	0
29.	-3	0	0	-1	0	-1	-1	-1	6	2	6	5
30.	0	0	-1	-0	0	0	0	0	4	5	2	4
31.	1	-3	-1	-1	0	1	0	0				
Su.	-84	-169	-141	-126	-64	-106	-131	-98	46	9	15	26

1972	Oktober I	Oktober II	Oktober III	Oktober S	November I	November II	November III	November S	Dezember I	Dezember II	Dezember III	Dezember S
1.	1	0	0	0	3	7	8	6	0	0	0	0
2.	3	1	0	1	5	4	6	5	0	0	0	0
3.	19	0	1	8	9	7	7	8	0	1	0	0
4.	7	6	8	7	5	4	4	4	0	1	0	0
5.	7	2	5	5	1	0	2	1	0	1	1	1
6.	1	2	1	1	3	5	11	6	3	10	8	6
7.	2	1	0	1	16	12	6	11	12	15	7	11
8.	1	0	0	0	10	3	0	5	2	0	0	1
9.	0	0	0	0	2	4	4	3	0	0	0	0
10.	-4	4	3	0	4	0	0	2	2	3	1	2
11.	9	7	0	5	0	0	0	0	6	6	5	6
12.	7	-1	1	3	0	0	0	0	6	10	9	8
13.	8	0	3	4	0	0	0	0	6	8	7	7
14.	6	6	11	8	0	0	0	0	12	15	13	13
15.	17	6	2	9	0	0	0	0	13	16	14	14
16.	16	10	3	10	0	5	0	1	8	9	12	10
17.	10	9	10	10	1	0	1	1	6	4	4	5
18.	8	6	1	5	1	0	1	1	6	5	3	5
19.	0	4	9	4	2	7	1	3	1	1	2	1
20.	4	2	0	2	0	0	0	0	10	5	5	7
21.	0	0	0	0	0	0	0	0	11	10	6	9
22.	0	1	0	0	0	0	0	0	12	3	12	10
23.	0	0	0	0	0	0	0	0	8	0	5	5
24.	0	0	3	0	0	0	1	0	5	4	6	5
25.	7	7	4	6	0	0	0	0	8	1	0	3
26.	3	8	8	6	0	0	1	0	5	9	16	10
27.	18	0	1	8	1	2	7	3	3	1	1	2
28.	1	0	0	0	4	8	7	6	0	1	4	2
29.	0	0	0	0	6	6	3	5	5	2	2	3
30.	0	0	0	0	0	0	0	0	1	0	2	1
31.	2	9	15	8					2	1	1	1
Su.	153	90	89	115	73	74	70	73	153	142	146	148

Fortsetzung der Tab.1

1973	Januar				Februar				März			
	I	II	III	S	I	II	III	S	I	II	III	S
1.	1	1	0	1	0	0	0	0	0	1	2	1
2.	0	0	0	0	0	0	0	0	3	1	0	1
3.	0	1	-1	-0	0	0	0	0	0	-7	1	-1
4.	0	0	0	0	0	15	1	4	1	0	1	1
5.	0	0	-1	-0	9	3	4	6	0	11	10	6
6.	1	2	2	2	4	6	6	5	8	6	0	5
7.	2	1	5	3	0	4	4	2	0	0	0	0
8.	4	8	6	6	6	3	1	4	0	1	-1	-0
9.	9	5	6	7	11	13	3	9	0	0	0	0
10.	5	6	5	5	0	0	0	0	0	0	0	0
11.	7	3	8	6	0	0	0	0	1	1	3	2
12.	6	0	5	4	1	0	4	2	0	0	0	0
13.	4	7	9	7	0	1	0	0	0	0	0	0
14.	7	14	5	8	0	0	0	0	0	1	0	0
15.	1	1	-1	0	1	2	3	2	0	0	0	0
16.	0	0	-3	-1	3	4	8	5	0	0	0	0
17.	1	0	2	1	11	0	0	4	0	1	5	2
18.	0	0	-1	-0	0	0	0	0	2	0	0	1
19.	0	0	0	0	3	1	2	2	0	0	0	0
20.	0	0	-1	-0	0	4	7	4	0	2	2	1
21.	0	1	-1	-0	0	0	0	0	2	3	2	2
22.	0	0	0	0	0	0	0	0	4	3	3	4
23.	0	0	-2	-1	0	0	0	0	1	6	3	3
24.	0	1	2	1	0	0	0	0	6	3	2	4
25.	1	0	1	1	0	0	1	0	2	2	1	2
26.	3	1	1	2	0	0	0	0	0	1	0	0
27.	1	1	0	1	-1	0	0	-0	0	0	0	0
28.	0	1	0	0	-1	1	0	-0	0	0	0	0
29.	0	0	2	1					0	0	1	0
30.	0	0	-1	-0					0	0	0	0
31.	0	0	-2	-1					0	0	0	0
Su.	53	54	45	50	47	57	44	48	30	36	35	33

1973	April				Mai				Juni			
	I	II	III	S	I	II	III	S	I	II	III	S
1.	0	1	0	0	4	6	7	6	2	-7	-13	-6
2.	2	1	0	1	3	-6	-1	-1	-2	-7	-3	-4
3.	0	0	0	0	0	-1	0	-0	-1	-3	-2	-2
4.	0	0	0	0	5	2	-2	2	0	-2	-2	-1
5.	2	1	1	3	8	5	-5	3	2	-4	-4	-2
6.	0	2	2	1	4	-7	-2	-1	-1	-9	-1	-3
7.	0	0	0	0	0	0	0	0	0	0	0	0
8.	0	1	0	0	0	0	0	0	0	0	0	0
9.	0	0	0	0	1	0	0	0	0	0	0	0
10.	1	0	0	0	0	0	0	0	0	0	0	0
11.	0	0	0	0	0	0	0	0	0	-2	-4	-2
12.	0	0	0	0	0	0	0	0	-4	-3	-8	-5
13.	0	0	1	0	0	1	2	1	-2	-6	1	-2
14.	-1	0	0	-0	3	4	1	3	0	-2	0	-0
15.	1	0	0	0	4	5	0	3	12	2	0	5
16.	0	0	0	0	2	2	0	1	28	5	3	13
17.	2	1	0	1	1	0	0	0	-4	4	1	-0
18.	0	1	0	0	3	0	4	2	0	0	0	0
19.	1	0	0	0	24	7	-1	11	0	0	0	0
20.	1	0	1	1	0	0	0	0	7	-7	-4	-0
21.	0	0	0	0	2	0	0	1	-2	-2	-1	-2
22.	0	0	0	0	2	6	1	3	2	-2	0	0
23.	0	0	0	0	0	0	0	0	0	0	1	0
24.	0	0	0	0	0	0	0	0	0	0	0	0
25.	0	1	0	0	0	0	0	0	0	0	0	0
26.	0	0	0	0	0	0	0	0	0	1	-5	-2
27.	0	0	0	0	12	3	4	7	-1	1	0	-0
28.	1	0	0	0	14	6	7	10	-3	-13	-23	-12
29.	0	0	0	0	3	3	0	2	-12	1	8	-5
30.	0	0	0	0	0	-1	0	-0	0	0	0	0
31.					0	-2	-4	-2				
Su.	15	9	5	10	95	33	11	50	21	-55	-64	-28

Fortsetzung der Tab.1

1973	Juli				August				September			
	I	II	III	S	I	II	III	S	I	II	III	S
1.	6	-1	-7	-0	-1	-8	-7	-5	0	-15	0	-4
2.	1	-10	-15	-7	-2	-6	0	-2	-1	-4	-2	-2
3.	-4	-8	-13	-8	1	-3	-2	-1	5	-3	-4	-0
4.	-7	-11	-13	-10	0	-5	-4	-2	7	-1	-3	2
5.	-2	-6	-11	-6	-8	-13	-16	-12	0	-5	-8	-4
6.	3	-10	-5	-3	-11	-32	-33	-24	-6	-7	-6	-6
7.	-6	-6	-6	-6	-15	-23	-13	-16	-2	-5	-3	-3
8.	-3	-9	-7	-6	-11	-19	-4	-10	-2	-5	-1	-2
9.	-7	-7	-6	-7	11	4	8	8	4	-1	-2	1
10.	0	-7	-4	-3	9	-2	-5	1	-2	-4	-1	-2
11.	0	-2	-2	-1	-1	-8	-7	-5	0	0	0	0
12.	1	-6	-2	-2	-18	-8	-10	-13	5	4	4	4
13.	0	-4	-2	-2	-4	-10	-11	-8	9	4	8	7
14.	-4	-18	-14	-11	-1	-9	-9	-6	10	1	0	4
15.	-11	-17	-14	-14	-2	-7	-2	-3	-3	-5	4	-1
16.	-7	-17	-21	-14	12	1	-8	2	7	-8	-7	-2
17.	-10	-23	-14	-15	11	1	-7	2	-3	-6	-7	-5
18.	0	-4	-17	-7	5	-1	-10	-2	-1	-6	0	-2
19.	0	-7	0	-2	-3	-5	-11	-6	-1	-4	-4	-3
20.	2	-7	-7	-4	-4	-10	-6	-6	2	-6	-5	-2
21.	-7	-9	-8	-8	-11	-8	-15	-12	0	-2	-2	-1
22.	-2	-7	0	-3	-6	-21	-11	-12	-1	0	6	2
23.	0	0	0	0	-5	-7	-6	-6	0	0	1	0
24.	0	0	0	0	-4	-5	-7	-5	0	0	0	0
25.	0	0	0	0	-2	-3	-4	-3	0	0	0	0
26.	0	0	0	0	-2	-7	-4	-4	0	0	0	0
27.	0	0	0	0	0	-6	-4	-3	1	1	1	1
28.	0	0	0	0	-5	-2	-1	-3	0	4	3	2
29.	0	0	1	0	-2	-2	-1	-2	12	5	3	7
30.	0	0	0	0	0	0	-1	-0	0	0	0	0
31.	0	-1	0	-0	0	0	0	0				
Su.	-57	-197	-187	-138	-69	-224	-211	-158	40	-68	-25	-10

1973	Oktober				November				Dezember			
	I	II	III	S	I	II	III	S	I	II	III	S
1.	0	0	0	0	6	4	4	5	0	0	0	0
2.	3	8	10	7	3	2	5	4	0	0	0	0
3.	12	9	12	11	2	2	3	2	1	3	8	4
4.	11	9	7	9	4	4	2	3	2	0	0	1
5.	7	4	3	5	0	0	0	0	0	0	0	0
6.	6	6	3	5	0	0	0	0	1	0	0	0
7.	3	2	1	2	0	0	0	0	0	0	0	0
8.	0	0	0	0	0	0	0	0	0	1	0	0
9.	0	0	2	1	0	0	0	0	0	0	0	0
10.	4	2	1	2	10	1	11	8	0	5	7	4
11.	4	1	0	2	6	0	3	4	6	6	6	6
12.	0	1	0	0	0	0	6	2	2	0	0	1
13.	0	0	0	0	1	0	0	0	1	0	0	0
14.	0	0	0	0	0	0	0	0	0	0	1	0
15.	0	0	0	0	1	0	0	0	0	0	1	0
16.	0	0	0	0	0	1	0	0	1	0	1	1
17.	0	0	0	0	0	2	6	3	0	0	0	0
18.	0	0	0	0	16	11	17	15	0	9	0	2
19.	2	4	7	4	15	11	13	13	2	1	1	1
20.	1	2	3	2	11	0	7	7	0	1	0	0
21.	3	0	0	1	3	4	3	3	0	0	1	0
22.	0	0	0	0	6	4	4	5	0	1	1	1
23.	0	0	0	0	8	5	4	6	0	1	0	0
24.	1	0	0	0	4	10	8	7	0	1	0	0
25.	7	8	11	9	8	4	0	4	0	0	0	0
26.	6	7	1	5	0	0	0	0	0	0	0	0
27.	8	6	4	6	0	0	0	0	0	1	2	1
28.	9	5	4	6	0	0	0	0	2	2	2	2
29.	5	3	3	4	1	0	1	1	1	1	1	1
30.	1	0	0	0	0	0	0	0	11	17	9	12
31.	0	9	12	6					4	1	0	2
Su.	93	86	84	88	105	65	97	92	33	51	41	40

Fortsetzung d.Tab.1

1974	Januar				Februar				März			
	I	II	III	S	I	II	III	S	I	II	III	S
1.	0	0	0	0	0	0	0	0	0	-1	0	-0
2.	1	0	0	0	0	1	0	0	0	0	0	0
3.	0	1	0	0	0	0	0	0	0	0	0	0
4.	0	0	0	0	0	0	0	0	1	1	1	1
5.	1	0	0	0	0	0	1	0	1	0	0	0
6.	8	0	-2	2	0	1	1	1	0	0	0	0
7.	0	2	1	1	0	0	0	0	0	0	1	0
8.	0	0	1	0	0	0	0	0	0	0	0	0
9.	0	0	1	0	0	1	1	1	1	0	0	0
10.	0	0	0	0	0	2	1	1	0	0	0	0
11.	7	0	2	4	12	12	16	14	1	0	5	2
12.	11	0	8	7	5	0	0	2	2	6	7	5
13.	6	5	2	4	0	0	0	0	1	4	1	2
14.	1	6	0	2	0	0	0	0	0	0	0	0
15.	0	0	0	0	0	0	1	0	0	0	0	0
16.	0	0	0	0	0	1	1	1	2	2	1	2
17.	0	0	0	0	1	0	0	0	0	4	0	1
18.	0	0	0	0	0	0	1	0	2	2	1	2
19.	0	1	1	1	0	0	0	0	0	0	0	0
20.	1	0	8	3	0	0	0	0	0	0	0	0
21.	17	19	13	16	0	0	1	0	0	-4	2	-0
22.	16	11	7	12	0	0	0	0	6	10	4	6
23.	1	0	0	0	0	0	0	0	3	0	0	1
24.	3	4	2	3	0	1	1	1	0	0	0	0
25.	0	0	0	0	1	0	0	0	0	0	1	0
26.	1	2	6	3	0	0	0	0	0	0	0	0
27.	2	0	0	1	0	0	1	0	0	0	0	0
28.	0	2	3	2	1	0	-6	-2	0	0	0	0
29.	4	10	3	5					0	0	0	0
30.	0	0	1	0					1	0	0	0
31.	0	0	0	0					0	0	0	0
Su.	80	63	57	68	20	19	20	20	21	24	24	23

1974	April				Mai				Juni			
	I	II	III	S	I	II	III	S	I	II	III	S
1.	0	0	0	0	1	0	0	0	0	0	0	0
2.	0	0	0	0	0	0	-6	-2	-1	0	0	-0
3.	1	1	0	1	0	0	0	0	-7	7	5	1
4.	7	1	0	3	0	0	0	0	5	-1	-6	-0
5.	0	1	3	1	0	0	0	0	0	-2	-6	-3
6.	2	1	0	1	0	0	0	0	0	0	0	0
7.	0	0	1	0	0	0	1	0	0	0	1	0
8.	0	0	0	0	0	0	0	0	0	0	0	0
9.	4	1	1	2	0	1	0	0	0	0	0	0
10.	8	1	0	3	5	2	0	2	0	0	0	0
11.	6	0	0	2	0	0	0	0	1	1	0	1
12.	0	0	0	0	0	0	0	0	0	0	0	0
13.	2	1	0	1	7	3	0	4	1	0	0	0
14.	0	0	0	0	3	0	1	2	1	0	0	0
15.	0	0	0	0	0	1	1	1	0	0	0	0
16.	0	0	0	0	0	0	0	0	0	0	0	0
17.	0	0	1	0	0	0	0	0	0	0	1	0
18.	0	0	0	0	0	0	0	0	0	0	0	0
19.	0	0	0	0	0	0	1	0	1	0	0	0
20.	0	3	0	1	0	0	0	0	1	0	0	0
21.	0	0	0	0	1	1	0	1	0	0	0	0
22.	0	0	0	0	1	1	0	1	1	0	10	4
23.	0	0	0	0	0	0	0	0	3	-4	-3	-1
24.	0	0	0	0	0	2	0	0	0	0	0	0
25.	0	0	0	0	0	0	0	0	0	-1	-1	-1
26.	0	0	0	0	0	0	0	0	1	-9	-4	-3
27.	0	0	0	0	2	2	0	1	1	-4	0	-1
28.	0	0	0	0	0	0	0	0	0	0	0	0
29.	0	0	0	0	0	0	0	0	0	0	0	0
30.	0	0	0	0	0	0	0	0	1	0	0	0
31.					0	-4	1	-1				
Su.	30	10	6	16	20	9	-1	10	9	-13	-3	-0

Fortsetzung d.Tab.1

1974	Juli				August				September			
	I	II	III	S	I	II	III	S	I	II	III	S
1.	0	0	0	0	-12	-15	-19	-15	0	-3	-2	-2
2.	2	1	9	4	-4	-15	-21	-13	1	-7	-9	-5
3.	5	-1	0	2	1	-21	-22	-13	-2	-17	-13	-10
4.	1	-3	-3	-2	-24	-19	-29	-25	0	0	3	1
5.	4	-10	-14	-6	0	-15	-8	-6	5	1	-1	2
6.	-3	-12	-5	-6	0	-5	-1	-2	5	-9	-5	-2
7.	0	0	0	0	-13	-9	-12	-12	0	0	0	0
8.	0	0	0	0	6	-23	-2	-4	2	-3	-4	-1
9.	0	1	-3	-1	0	-3	0	-1	8	-10	-8	-2
10.	0	0	0	0	0	-7	-1	-2	-5	0	0	-2
11.	0	0	-3	-1	0	0	0	0	10	8	8	9
12.	3	-11	-10	-5	0	0	5	2	9	-5	4	4
13.	-8	-30	-31	-22	0	-2	2	-0	1	-2	-5	-2
14.	-4	-21	-16	-12	4	-5	-1	0	5	-8	-5	-2
15.	0	-8	-11	-6	-7	-14	-15	-12	-2	-19	-28	-16
16.	-5	-19	-17	-13	-23	-10	-12	-16	5	-7	-10	-3
17.	-17	-14	-7	-13	-29	-25	-24	-26	10	-7	-7	-0
18.	0	0	0	0	-7	-8	-10	-8	-5	-5	-5	-5
19.	0	0	0	0	-20	-12	-13	-16	0	-7	-1	-2
20.	1	0	0	0	-5	-12	-12	-9	0	0	-1	-0
21.	1	0	0	0	-15	-19	-10	-14	0	0	0	0
22.	0	0	0	0	-3	-11	-5	-6	0	0	0	0
23.	0	1	1	1	-3	-11	-8	-7	0	0	0	0
24.	6	-9	-10	-3	-7	-4	-7	-6	0	0	0	0
25.	0	0	0	0	-5	-7	-6	-6	0	0	0	0
26.	0	0	-2	-1	-4	-5	-2	-4	0	0	-1	-0
27.	7	-7	-6	-1	-2	-4	0	-2	0	0	1	0
28.	-2	-8	-4	-4	0	0	0	0	13	4	1	6
29.	4	-10	-14	-6	0	-1	-1	-1	0	0	0	0
30.	-6	-17	-17	-13	0	-2	0	-0	0	0	0	0
31.	-5	-18	-12	-11	-1	-4	-4	-3				
Su.	-16	-195	-175	-117	-173	-288	-238	-225	60	-96	-88	-32

Tab.2: Durchschnittliche monatliche und jährliche Zahl der Tage mit bestimmten Typen des Tagesganges der Schneeverdunstung auf dem Sonnblick

	Kondensation			Nulltage	Verdunstung		
	3T	2T	1T		1T	2T	3T
Jan.			0,6	15,4(8,2)	2,2	5,0	7,8
Feb.			0,4	18,2(8,0)	0,8	5,2	3,6
März			0,4	19,8(8,0)	1,6	4,8	4,4
April		0,2	0,0	21,2(6,6)	1,4	5,2	2,0
Mai		0,8	0,6	18,6(5,6)	2,8	5,6	2,6
Juni	4,0	5,6	1,0	15,8(5,2)	1,8	1,6	0,2
Juli	10,2	8,2	1,4	9,2(3,6)	0,6	1,2	0,2
Aug.	14,4	6,0	2,0	6,4(2,4)	0,6	1,2	0,4
Sept.	3,4	5,4	0,8	11,0(3,8)	2,4	3,6	3,4
Okt.	0,2	0,4	0,0	8,8(3,2)	1,6	5,0	15,0
Nov.			0,2	15,2(6,0)	2,4	4,2	8,0
Dez.				13,4(5,8)	1,6	5,2	10,8
Jahr	32,2	26,6	7,4	173,0(76,4)	19,8	47,8	58,4

T bedeutet Termin. Bei den Nulltagen steht in den Klammern die durchschnittliche Zahl der Tage, bei denen zwar zu einzelnen Terminen die Verdunstung oder Kondensation von Null verschieden war, die Tagessumme aber doch auf 0 zu runden war.

Tab.3: Anteil der Tage mit bestimmten Typen des Tagesganges der Schneeverdunstung auf dem Sonnblick in Promille (T = Termin)

Monate	Kondensation 3T	2T	1T	Nulltage	Verdunstung 1T	2T	3T
Jan.			19	498	71	161	251
Feb.			14	646	28	184	128
März			13	638	52	155	142
April		7	0	706	47	173	67
Mai		26	19	600	90	181	84
Juni	133	187	33	527	60	53	7
Juli	329	264	45	298	19	39	6
Aug.	465	193	65	206	19	39	13
Sept.	113	180	27	367	80	120	113
Okt.	6	13	0	284	52	161	484
Nov.			7	506	80	140	267
Dez.				431	52	168	349
Jahr	88	73	20	474	54	131	160

Tab.4 a: Monatssummen der Schneeverdunstung auf dem Sonnblick (getrennt berechnet für drei Termine und angegeben in Zehntelmillimeter je Monat, bzw. für den aufsummierten Zeitraum)

		J	F	M	A	M	J	J	A	S	O	N	D	Summe
1969	7^h										353	130	21	504
	14^h										257	106	57	420
	21^h										288	130	24	442
1970	7^h	45	14	22	35	21	43	30	40	125	171	112	90	748
	14^h	70	18	14	40	40	2	2	11	49	154	112	142	654
	21^h	89	8	11	34	16	3	5	10	53	209	110	141	689
1971	7^h	34	88	15	58	76	15	115	67	100	233	57	180	1038
	14^h	32	81	17	35	34	7	0	5	47	163	30	147	598
	19^h	26	57	15	18	24	4	1	27	53	192	40	164	621
1972	7^h	44	40	86	15	60	88	16	28	45	158	76	156	812
	14^h	61	44	77	25	22	13	2	3	25	90	78	142	582
	19^h	53	54	70	17	10	13	3	5	26	91	71	148	561
1973	7^h	53	52	34	17	96	56	14	50	63	95	108	36	674
	14^h	55	60	44	10	51	14	1	6	21	89	67	53	471
	19^h	59	47	38	8	29	6	1	9	29	106	98	42	472
1974	7^h	82	24	22	36	25	19	34	12	76				330
	14^h	64	21	34	14	14	10	4	0	15				176
	19^h	54	27	27	9	6	20	10	9	18				180
Summe	7^h	258	218	179	161	278	221	209	197	409	1010	483	483	4106
	14^h	282	224	186	124	161	46	9	25	157	753	393	541	2901
	(20^h)	281	193	161	86	85	46	20	60	179	886	449	519	2965

123. 4b:Monatssummen der Kondensation auf der Schneedecke auf dem Sonnblick, (getrennt berechnet für drei Termine und angegeben in Zehntelmillimeter je Monat,bzw.für den aufsummierten Zeitraum)

		J	F	M	A	M	J	J	A	S	O	N	D	Summe
1969	7^h										1	1	3	5
	14^h										0	9	2	11
	21^h										0	3	3	6
1970	7^h	0	2	2	2	3	40	125	79	28	12	2	2	297
	14^h	1	2	2	2	4	128	280	226	182	17	4	1	849
	21^h	3	4	1	3	4	109	325	224	131	16	1	2	823
1971	7^h	2	2	2	1	0	14	91	121	5	1	2	1	242
	14^h	3	2	8	1	6	54	232	<u>466</u>	13	1	2	3	791
	19^h	2	2	2	1	19	38	240	402	19	2	3	0	730
1972	7^h	2	1	0	1	1	26	99	94	2	4	1	0	231
	14^h	1	2	2	2	6	57	170	112	11	1	0	0	364
	19^h	1	5	1	2	4	53	147	134	11	1	2	1	362
1973	7^h	2	3	2	2	1	33	71	119	14	1	1	2	251
	14^h	1	1	8	2	18	72	195	229	83	1	1	1	612
	19^h	15	2	2	3	17	72	188	222	55	1	2	1	580
1974	7^h	1	1	1	1	2	9	51	185	15				266
	14^h	2	1	6	2	5	25	200	287	108				636
	19^h	3	7	2	2	8	21	187	244	106				580
Summe	7^h	7	9	7	7	7	122	437	598	64	19	7	8	1292
	14^h	8	8	26	9	39	336	1077	<u>1320</u>	397	20	16	7	3263
	(20^h)	24	20	8	11	52	293	1087	1226	322	20	11	7	3081

Tab. 4 c: Monats-und Jahresbilanz (B) der Schneeverdunstung auf dem Sonnblick (berechnet aus den Differenzen der Tageswerte der Verdunstung (V) und der Kondensation (K). Einheit Zehntelmillimeter)

		J	F	M	A	M	J	J	A	S	O	N	D	Summe
1969	V										303	123	32	458
	K										0	-4	-3	-7
	B										301	119	29	451
1970	V	69	13	16	36	25	17	13	20	76	179	109	123	696
	K	-1	-3	-2	-3	-3	-93	-241	-173	-109	-15	-2	-2	-647
	B	70	12	13	33	21	-73	-228	-153	-31	164	108	122	58
1971	V	30	75	15	38	46	9	45	38	71	201	45	166	779
	K	-3	-2	-4	0	-9	-34	-179	-307	-12	-1	-2	-1	-553
	B	29	74	12	37	39	-24	-130	-268	58	199	42	165	235
1972	V	53	46	78	18	34	43	7	13	33	116	75	150	666
	K	-1	-2	0	-1	-3	-43	-133	-112	-8	-2	-1	0	-311
	B	50	42	77	16	29	0	-126	-99	26	115	73	150	355
1973	V	56	53	37	12	61	28	6	25	40	98	95	42	553
	K	-6	-2	-4	-2	-10	-57	-143	-182	-47	0	-1	-1	-458
	B	49	50	35	9	50	-29	-137	-158	-10	89	93	41	81
1974	V	67	24	27	21	16	17	18	8	40				238
	K	-1	-2	-3	-1	-5	-17	-136	-231	-70				-466
	B	66	21	24	19	10	0	-118	-226	-30				-232
Durchschnitt:	V	55	42	35	25	36	23	18	21	52	179	89	103	678
	K	-2	-2	-3	-1	-6	-49	-166	-201	-49	-4	-2	-1	-486
	B	53	40	32	23	30	-25	-148	-181	-3	174	87	101	190

Tab.5: **Monats- und Jahresmittel der Feuchttemperatur in °C nach den Psychrometermessungen auf dem Sonnblick, 3106m**

		J	F	M	A	M	J	J	A	S	O	N	D	Jahr
1969	7^h										-5,2	-9,4	-15,7	-
	14^h										-3,3	-8,6	-15,0	-
	21^h										-4,2	-9,2	-15,5	-
1970	7^h	-11,1	-16,7	-14,9	-11,1	-7,4	-0,7	-0,4	0,3	-2,1	-5,7	-7,3	-12,6	-7,5
	14^h	-11,4	-15,9	-13,2	-9,3	-5,8	1,1	1,4	2,5	0,1	-4,6	-6,4	-12,3	-6,2
	21^h	-11,6	-16,4	-14,1	-10,9	-6,6	-0,2	0,3	1,4	-1,0	-5,7	-7,2	-13,0	-7,1
1971	7^h	-12,6	-14,3	-15,7	-7,1	-2,6	-2,4	0,3	1,9	-4,2	-5,6	-9,3	-9,6	-6,8
	14^h	-11,8	-13,4	-14,0	-4,9	-0,9	-0,6	3,0	4,0	-2,3	-3,9	-8,8	-8,9	-5,2
	19^h	-12,0	-14,2	-15,1	-5,9	-1,8	-1,3	2,4	3,3	-3,2	-4,7	-9,3	-9,4	-5,9
1972	7^h	-12,6	-10,6	-10,1	-8,4	-5,0	-1,8	0,3	-0,5	-5,7	-7,4	-8,5	-9,8	-6,7
	14^h	-11,6	-9,4	-8,1	-6,3	-3,4	-0,3	1,9	1,3	-3,7	-5,5	-7,9	-9,3	-5,2
	19^h	-12,2	-10,4	-9,1	-7,5	-4,5	-0,7	1,2	0,7	-4,7	-6,2	-8,7	-9,7	-6,0
1973	7^h	-11,5	-15,3	-13,8	-12,4	-4,3	-0,7	-0,2	1,8	-0,9	-5,5	-10,1	-12,7	-7,1
	14^h	-10,8	-14,2	-12,2	-10,4	-2,1	0,9	1,7	3,5	0,8	-4,4	-9,4	-12,1	-5,7
	19^h	-11,4	-15,1	-13,1	-11,4	-2,9	0,2	0,8	3,1	0,3	-5,4	-10,5	-12,5	-6,5
1974	7^h	-10,0	-12,1	-10,5	-10,3	-6,1	-3,3	-0,9	1,7	-1,6				-
	14^h	-9,3	-11,1	-8,9	-7,5	-4,1	-1,4	1,7	4,0	0,0				-
	19^h	-9,5	-12,1	-9,7	-9,1	-4,8	-2,3	1,1	2,9	-0,9				-
Durchschnitt	7^h	-11,6	-13,8	-13,0	-10,0	-5,1	-1,8	-0,2	1,0	-2,9	-5,9	-8,9	-12,1	-7,0
	14^h	-11,0	-12,8	-11,3	-7,7	-3,3	-0,1	1,9	3,1	-1,0	-4,3	-8,2	-11,5	-5,5
	(20^h)	-11,3	-13,6	-12,2	-9,0	-4,1	-0,9	1,2	2,3	-1,9	-5,2	-9,0	-12,0	-6,3

Tab.6: Mittlere Differenzen zwischen der Temperatur der Schneedecke in 1 cm Tiefe und der Feuchttemperatur auf dem Sonnblick in °C um 7^h
(als Höchstwert der Feuchttemperatur wurde 0°C angenommen)

	J	F	M	A	M	J	J	A	S	O	N	D	Jahr
1969										-1,9	-1,5	-1,0	-
1970	-2,5	-0,4	-1,1	0,5	1,5	0,1	0,6	-	-	-	-2,0	-2,1	-
1971	-2,1	-1,8	-1,4	-1,7	-1,7	-1,2	-0,6	-	-	-	-	-1,8	-
1972	-2,2	-1,5	-1,0	-0,6	0,8	0,7	-0,4	-0,1	-0,6	-0,2	0,0	-0,3	-0,2
1973	-1,1	-1,6	0,1	0,4	1,2	-0,4	-0,8	-	-0,3	-0,6	-0,9	-2,2	-
1974	-2,6	-1,1	-1,2	-0,3	0,3	0,7	0,0	-0,2	-				-
Durchschnitt:	-2,1	-1,3	-0,9	-0,4	0,4	0,0	-0,2	-0,1	-0,4	-0,9	-1,1	-1,5	-0,7

Tab.7: Mittlere Differenzen der Schneetemperaturen in 1 cm und in 10 cm Tiefe auf dem Sonnblick in °C um 7^h

	J	F	M	A	M	J	J	A	S	O	N	D	Jahr
1969										-0,4	-0,7	-0,5	-
1970	-0,2	-1,1	-0,6	-0,7	0,2	-0,1	-0,2	-	-	-	-0,7	-1,2	-
1971	-0,3	-1,4	-1,2	-0,5	-0,4	-0,4	-0,3	-	-	-	-	-0,8	-
1972	-0,8	-0,7	-0,5	-0,8	-1,0	-0,3	-0,2	-0,3	-1,9	-2,0	-2,5	-3,1	-1,2
1973	-3,8	-2,9	-3,2	-2,1	-0,9	-0,3	-0,2	-	-2,0	-0,7	-1,2	-1,6	-
1974	-1,5	-1,3	-1,0	-1,0	-0,7	-0,7	-0,5	-0,1	-				-
Durchschnitt:	-1,3	-1,5	-1,3	-1,0	-0,6	-0,4	-0,2	±0,2	-2,0	-1,0	-1,3	-1,4	-1,0

Die Möglichkeit zu nennenswerter Kondensation auf der Schneeoberfläche ist im Winterhalbjahr jedenfalls gering. Am meisten kondensiert — spiegelbildlich zum Verdunstungsminimum — an Augustmittagen. In den Monaten mit erheblichen Kondensationshöhen gibt es überwiegend Höchstwerte zu Mittag, aber auch die Abendwerte sind noch recht hoch. Kondensation von Feuchte aus der Luft auf der Schneedecke in Sonnblickgipfelnähe stellt sich von Jahr zu Jahr verläßlich ein, die Höchstwerte im August 1971 lassen auf eine monatliche Kondensation von rund 30 mm schließen. Es ist dies ein Betrag in gleicher Höhe wie er im an Verdunstung reichsten Monat Oktober 1969 zu nennen war.

Es sei wiederholt, daß auch in Tab. 4c die scheinbaren Rechenungenauigkeiten dadurch verursacht sind, daß die Originaltabellen auf Hundertstelmillimeter berechnet waren und dann abgerundet wurde.

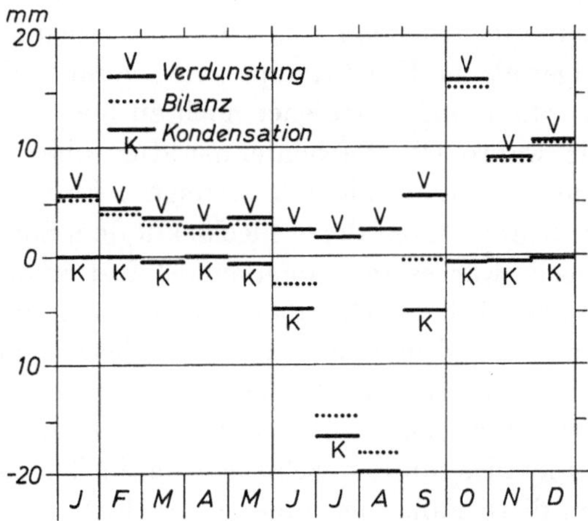

Abb. 2. Durchschnittlicher Jahresgang der Monatssummen der Verdunstung einer ausgedehnten Schneedecke auf dem Sonnblick in mm Wasserwert. Der obere Linienzug gilt für die Verdunstung (*V*), der untere für die Kondensation (*K*), der mittlere für die Bilanz (*B*). Wie in Abb. 1 sind drei Hauptabschnitte des Jahres unterschieden. Die Verdunstungsbilanz erreicht im Oktober ihren höchsten, im August ihren tiefsten Wert.

Im Durchschnitt der fünf herangezogenen Beobachtungsjahre resultiert vom Oktober bis Mai eine positive Verdunstungsbilanz einer ausgedehnten Schneedecke in der Höhe und klimatischen Lage des Sonnblickobservatoriums. Vor allem der Zeitraum Oktober bis Dezember ist daran beteiligt. Juni bis September zeigen ein Überwiegen der Kondensation, vor allem Juli und August.

Im Jahresdurchschnitt bleibt nur eine Verdunstungsbilanz von 19 mm übrig, also etwa ein Zehntel des Betrages, der bisher angenommen worden war. Selbst die alleinige Verdunstungssumme *V* ist mit 68 mm im Jahr nur ein Drittel dessen, was bisher geschätzt wurde.

Abb. 2 bietet einen Überblick über den durchschnittlichen Jahresverlauf der monatlichen Höhen von Verdunstung, Kondensation und Verdunstungsbilanz. Man sieht klar das Hauptmaximum der Verdunstung im Oktober und der Kondensation im August, das Absinken der Verdunstung zu Jahresanfang bis April, aber auch die Tatsache, daß z. B. die ausgeglichene Bilanz im September aus einem gegenseitigen Aufheben von zeitweise dominierender Verdunstung, wie im Oktober, und zeitweise vorherrschender Kondensation, wie im August, beruht.

6. Feuchttemperatur und Schneetemperatur

In Tab. 5 sind zunächst die von uns berechneten Mittel der Feuchttemperatur auf dem Sonnblick, vielleicht auch zur Anwendung auf andere Studien zusammengestellt.

Positive Durchschnittswerte der Feuchttemperatur der Luft findet man im Juli zum Mittags- und Abendtermin, im August zu jedem Termin. Da jedoch die Schneetemperatur nicht über 0° C steigen kann, ist zur Berechnung der Daten für die nun folgende Tab. 6 als Höchstwert der Feuchttemperatur 0° C angenommen worden.

Ohne auf Details einzugehen, welche aus dem überaus wertvollen Originalmaterial hervorgehen, seien an dieser Stelle nur die Durchschnittswerte betrachtet, welche vom April bis September keine merklichen Unterschiede zwischen der Schneetemperatur in 1 cm Tiefe und der Feuchttemperatur der Luft bzw. dem Maximalwert der Schneetemperatur von 0° C erkennen lassen. Vom Oktober bis März ist die genannte Differenz größer, übersteigt aber kaum das Ausmaß von 1 bis 2° C. Auch ist die Schneetemperatur schon in 1 cm Tiefe niedriger als die Feuchttemperatur, woraus folgt, daß mit der Feuchttemperatur berechnete Verdunstungswerte eher noch zu hoch sind.

Maßgebend wäre die wahre Oberflächentemperatur, aber sie wird noch niedriger sein und kann im Sommer 0° C auch nicht übersteigen. Einige Anhaltspunkte für den vertikalen Temperaturgradienten in der Schneedecke auf dem Sonnblick bietet die Tab. 7. Soweit Messungen vorliegen, war es im Monatsmittel fast immer in 1 cm Tiefe kälter als in 10 cm Tiefe. Folglich wird die Oberflächentemperatur in der Regel noch etwas niedriger gewesen sein als die Temperatur in 1 cm Tiefe — und diese war im allgemeinen niedriger als die zur Berechnung der Verdunstung verwendeter Feuchttemperatur. (Freilich sei nicht verschwiegen, daß in Fällen kräftiger Warmluftadvektion eine Umkehr des Temperaturgefälles in der Schneedecke in bedeutendem Ausmaße eintreten kann, doch bleiben diese Fälle hier außer Betracht.)

Alles in allem liegt wohl kein Anlaß vor, die Gleichsetzung der Schneeoberflächentemperatur mit der Feuchttemperatur für unzweckmäßig zu halten. Die nach der Kuzmin-Formel auf dem vorliegend beschriebenen Wege errechneten Verdunstungswerte können Geltung haben, sofern nicht für den Sonnblick wesentlich andere Wärmeübergangszahlen anzuwenden wären, was aber nur direkte Messungen zeigen könnten.

Bei Berücksichtigung des Seehöheneinflusses durch Multiplikation der Konstanten der Kuzmin-Formel mit 760,00 : 519,81 = 1,462 würde sich die Jahresverdunstung von 19 auf 28 mm erhöhen. Das Resultat äußerst geringer Jahresbilanz von Verdunstung und Kondensation auf einer geschlossenen Schneedecke in Sonnblickhöhe würde also unverändert bleiben.

Der Vollständigkeit halber bringen wir in Tab. 7 noch die mittleren Differenzen der Schneetemperaturen in 1 cm und in 10 cm Tiefe. Das Temperaturgefälle ist in der Regel von unten nach oben gerichtet, eine Extrapolation auf die wahre Oberflächentemperatur ergäbe noch niedrigere Werte als in 1 cm Tiefe und damit noch geringere Verdunstung. Es wäre freilich nützlich, analoge Daten auch für 14^h zu haben.

Literatur

[1] Measurement and Estimation of Evaporation and Evapotranspiration, WMO Technical Note No. 83, WMO-No. 201. TP. 105, Geneva 1966, Seite 90.

[2] Mahringer, W.: Der Jahresgang der Temperatur in der Schneedecke am Hohen Sonnblick (3100 m). 68.—69. Jahresber. d. Sonnblick-Vereins f. d. Jahre 1970—1971, Wien 1973, S. 31—40.

Die Änderungen klimatischer Elemente in Österreich seit 1930

(Ergänzungen zu früheren Arbeiten über Klimaschwankungen in Österreich)

Von Ferdinand Steinhauser, Wien

Mit 12 Abbildungen

Die Kenntnis der Klimaschwankungen ist nicht nur in wissenschaftlicher Hinsicht, sondern auch für Zwecke der Praxis von Bedeutung. Da sich Änderungen einzelner klimatischer Elemente im Laufe der Zeit auch in der Natur auswirken können, ist es notwendig, im besonderen für Planungszwecke auch zu berücksichtigen, in welchem Ausmaß solche Änderungen auftreten können. Dies gilt besonders für Planungen im Bereich der Land- und Forstwirtschaft, der Wasserwirtschaft, der Bautechnik, des Straßen- und Kanalbaues, der Flußregulierung, des Fremdenverkehrs und der Raumplanung.

Über Änderungen einzelner klimatischer Elemente im Laufe der Zeit in Österreich wurde bereits in mehreren früheren Arbeiten [1 bis 9] berichtet, die nun bis in die neueste Zeit ergänzt werden sollen.

1. Die Änderungen der Temperatur

In einer 1935 erschienenen Arbeit [1] wurden Jahresmittel und Jahreszeitenmittel der Temperatur in Wien-Hohe Warte (203 m) und auf dem Hoch-Obir (2044 m) ab 1851 und auf dem Sonnblick (3106 m) ab 1886 bis 1934 zusammengestellt und ihre Änderungen im Laufe der Zeit nach 5jährig, 10jährig und 20jährig übergreifenden Mittelwerten in graphischen Darstellungen wiedergegeben und besprochen. Eine Besprechung der Änderungen der Jahres- und Jahreszeitentemperatur auf dem Sonnblick vom Beginn der Beobachtungsreihe bis 1934 findet man auch in [2].

In Fortsetzung und Ergänzung zu diesen Beobachtungsreihen werden hier in Tab. I die Jahresmittel und Jahreszeitenmittel für die einzelnen Jahre von 1931 bis 1975 wiedergegeben. Da die Station auf dem Obir im Jahre 1943 durch Kriegseinwirkung zerstört worden ist, sind in Tab. I zur Beurteilung der Klimaänderungen auf den Höhen der Gebirge im südlichen Grenzgebiet von Österreich die Werte der Station auf der Villacher Alpe (2159 m) aufgenommen. Zur Beurteilung der Temperaturänderungen in anderen Teilgebieten Österreichs sind als Stationen, an denen auch während des Krieges und in der unmittelbaren Nachkriegszeit die Beobachtungen nicht unterbrochen worden sind, die Beobachtungswerte von Kremsmünster (382 m), Innsbruck-Universität (582 m), Deutschlandsberg (410 m) in der Süd-Steiermark und Döllach (1025 m) in Kärnten zusätzlich in Betracht gezogen und die Mittelwerte der Beobachtungen in den einzelnen Jahren und Jahreszeiten ebenfalls in Tab. I aufgenommen worden.

Für Wien gibt es Bearbeitungen der Änderungen der Temperatur auch für die Zeit vor 1851 zurückreichend bis zum Beginn der geschlossenen Beobachtungsreihe im Jahre 1775 [3, 4]. Die auf den gegenwärtigen Standort der Beobachtungsstation reduzierten Monats- und Jahresmittelwerte der Temperatur in Wien-Hohe Warte sind für die einzelnen Jahre von 1775 bis 1939 in [10] veröffentlicht. In [3] sind die Änderungen der Jahresmittel der Temperatur in Wien in 5jährig, 10jährig und 30jährig übergreifenden Mittelwerten für die Beobachtungen von 1775 bis 1960 graphisch dargestellt und mit den in gleicher Form dargestellten Beobachtungsreihen von Berlin, De Bilt, Basel und Mailand verglichen worden. Nach 30jährig übergreifenden Mittelwerten sind die Reihen der Jahresmittel und der Jahreszeitenmittel der Temperatur von Wien für die Zeit von 1775 bis 1955 in [4] graphisch wiedergegeben. In derselben Veröffentlichung [4] sind auch nach 5jährig übergreifenden Mittelwerten die Reihen der Jahresmittel und der Jahreszeitenmittel der Temperatur in Wien für die Zeit von 1851 bis 1955 in graphischen Darstellungen veranschaulicht.

Tabelle 1. Maximum, Minimum und Schwankungsweite (Diff.) der Jahres- und Jahreszeitenmitteltemperaturen in der Zeit von 1931 bis 1975 (°C)

Jahresmittel			Winter			Frühling			Sommer			Herbst		
Max.	Min.	Diff.	Max.	Min.	Diff.	Max.	Min.	Diff.	Max.	Min.	Diff.	Max.	Min.	Diff.
Wien-Hohe Warte														
11,0	7,4	3,6	3,2	– 5,2	8,4	11,8	7,7	4,1	20,4	17,4	3,0	11,5	7,7	3,8
1934	1940		1974/75	1939/40		1934[1]	1955		1950	1940		1966	1941	
Kremsmünster														
9,9	6,7	3,2	1,9	– 6,4	8,3	11,1	6,7	4,4	19,4	16,2	3,2	10,6	6,8	3,8
1934	1940		1974/75	1962/63		1946	1970		1950	1948		1942	1972	
Innsbruck														
9,6	7,1	2,5	1,5	– 5,7	7,2	11,8	7,3	4,5	19,1	16,1	3,0	10,7	6,6	4,1
1947	1956		1974/75	1962/63		1946	1955		1950[2]	1954		1961	1952	
Deutschlandsberg														
10,3	7,6	2,7	2,3	– 5,7	8,0	11,6	6,8	4,8	19,5	16,3	3,2	11,2	7,0	4,2
1934	1956		1974/75	1962/63		1934	1955		1950	1948		1942	1952	
Döllach														
7,3	5,0	2,3	– 0,8	– 6,7	5,9	8,3	4,2	4,1	16,3	13,8	2,5	8,1	4,0	4,1
1942	1956[3]		1974/75	1962/63		1946	1970		1947[4]	1972[5]		1947	1972	
Villacher Alpe														
1,3	– 0,9	2,2	– 4,6	– 10,9	6,3	0,6	– 4,0	4,6	9,6	6,1	3,5	3,6	– 1,4	5,0
1934	1940[6]		1971/72[7]	1962/63		1946	1970		1950	1940		1967	1974	
Sonnblick														
– 3,9	– 7,1	3,2	– 10,1	– 16,1	6,0	– 4,9	– 10,3	5,4	2,7	– 0,8	3,5	– 0,8	– 7,2	6,4
1969	1956		1971/72[8]	1962/63		1969	1970		1950	1940		1969	1952	

[1] Auch 1946.
[2] Auch 1947.
[3] Auch 1972.
[4] Auch 1950.
[5] Auch 1965.
[6] Auch 1941, 1956, 1962.
[7] Auch 1974/75.
[8] Auch 1948/49.

Wie den in Tab. I wiedergegebenen Zahlenreihen der Jahres- und Jahreszeitenmittel der Temperatur an den hier in Betracht gezogenen Orten zu entnehmen ist, ändern sich diese Mittelwerte von Jahr zu Jahr oft sehr beträchtlich und auch sehr unregelmäßig. Die Extremwerte dieser in der Zeit von 1931 bis 1975 vorgekommenen Mittelwerte mit Angabe der Jahre, in denen sie vorgekommen sind, sind in Tab. 1 zusammengestellt. Daraus ist ersichtlich, daß selbst die Jahresmittelwerte in diesem Zeitabschnitt um

2,2 bis 3,6° an den einzelnen Stationen schwankten. Bei den Jahreszeitenmittelwerten waren die Schwankungen noch bedeutend größer. Sie betrugen im Winter 5,9 bis 8,4°, im Frühling 4,1 bis 5,4°, im Sommer 2,5 bis 3,5° und im Herbst 3,8 bis 6,4°. Bemerkenswert ist, daß die Schwankungsweite der Jahreszeitenmittelwerte der Temperatur im Winter in der Niederung größer war als im Hochgebirge, während sie in den übrigen Jahreszeiten auf dem Sonnblick am größten war.

Es ist von Interesse, festzustellen, wie weit den in Tab. 1 wiedergegebenen Extremwerten eine allgemeine Gültigkeit zukommt, oder, ob sie in früheren Zeiten noch übertroffen worden sind. Dies kann an den langen homogenen Beobachtungsreihen von Wien (bis 1775 zurückreichend), von Kremsmünster (bis 1767 zurückreichend) und vom Sonnblick (bis 1886 zurückreichend) geprüft werden. In diesen Beobachtungsreihen

Tabelle 2. Maximum und Minimum der Jahres- und Jahreszeitenmitteltemperaturen in langen Beobachtungsreihen vor dem Jahr 1931

	Jahresmittel		Winter		Frühling		Sommer		Herbst	
	Max.	Min.	Max.	Min.	Max.	Min.	Max.	Min.	Max.	Min.
Wien-Hohe Warte (1775—1930)	11,3	6,7	3,5	— 6,6	12,7	5,8	22,5	16,7	12,0	6,5
	1797	1829	1915/16	1829/30	1794	1785	1811	1913	1802	1912
Kremsmünster (1767—1930)	10,1	5,7	2,7	— 7,1	12,2	4,9	21,0	14,6	11,5	4,6
	1790	1840	1915/16	1829/30	1779	1805	1772	1840	1914	1793
Sonnblick (1886—1930)	— 4,7	— 7,8	— 9,7	— 15,7	— 5,1	— 10,1	2,1	— 1,7	— 2,5	— 8,5
	1920	1909	1924/25	1908/09	1920	1919	1928	1913	1898	1912

sind vor dem Jahre 1931 die in Tab. 2 angeführten Extremwerte der Jahres- und Jahreszeitenmittel der Temperatur vorgekommen. Daraus ist ersichtlich, daß sowohl alle größten wie auch alle tiefsten Jahres- und Jahreszeitenmittel der Temperatur der Periode 1931 bis 1975 in früheren Jahren übertroffen worden sind. Da in den langen Beobachtungsreihen die Höchstwerte größer und die Tiefsttemperaturen niedriger waren als in den Reihen seit 1931, sind auch die Schwankungsweiten der Jahres- und Jahreszeitenmittel der Temperaturen merklich größer gewesen. Die auf 200jährigen Beobachtungsreihen beruhenden Schwankungsweiten der Mittelwerte der Jahres- und der Jahreszeitentemperaturen geben bereits eine gut begründete Vorstellung davon, mit welchen Extremwerten man bei Planungen rechnen muß.

Um einen Einblick in langzeitige Tendenzen von Zunahmen oder Abnahmen der Temperatur zu bekommen, ist es notwendig, die Beobachtungsreihen rechnerisch zu glätten. Eine solche Glättung kann durch übergreifende Mittelwertbildungen erreicht werden. Über kürzere Zeitabschnitte anhaltende Tendenzen von Temperaturänderungen geben bereits Reihen von 5jährig übergreifend gemittelten Werte Aufschluß. Für eine weitere Glättung zur Feststellung langjähriger Tendenzen, die von kürzere Zeit anhaltenden Schwankungen überlagert sein können, die aber durch eine stärkere Glättung ausgeschaltet werden, sind Glättungen durch 10jährig oder durch 30jährig übergreifend gemittelte Werte erforderlich. 30jährige Mittelwerte werden von der Meteorologischen Weltorganisation als sogenannte Normalwerte empfohlen und können daher auch als brauchbares Maß für die Feststellung von Klimaschwankungen angesehen werden.

Für die hier in Betracht gezogene Periode von 1931 bis 1975 sind die Beobachtungsreihen der Jahres- und Jahreszeitenmittel der Temperatur in den Abb. 1 bis 5 nach 5jährig übergreifend gemittelten Werten graphisch veranschaulicht. Es fällt auf, daß in diesen Abbildungen sowohl für die Jahresmittel wie auch für die Jahreszeitenmittel der Temperatur die Kurven in allen in Betracht gezogenen Stationen untereinander nahezu gleichartig verlaufen; in den verschiedenen Jahreszeiten zeigt dieser Verlauf der Kurven allerdings merkliche Unterschiede. Daraus ist zu folgern, daß die Temperaturänderungen mit der Zeit das ganze Gebiet von Österreich ziemlich gleichartig betroffen haben, daß aber die Änderungen im Laufe der Zeit in den einzelnen Jahreszeiten verschiedenartig erfolgt sind.

Im Verlaufe der Jahrestemperaturen zeigt sich in den nach 5tägig übergreifend gemittelten Werten gezeichneten Kurven (Abb. 1) ein breites Hauptmaximum

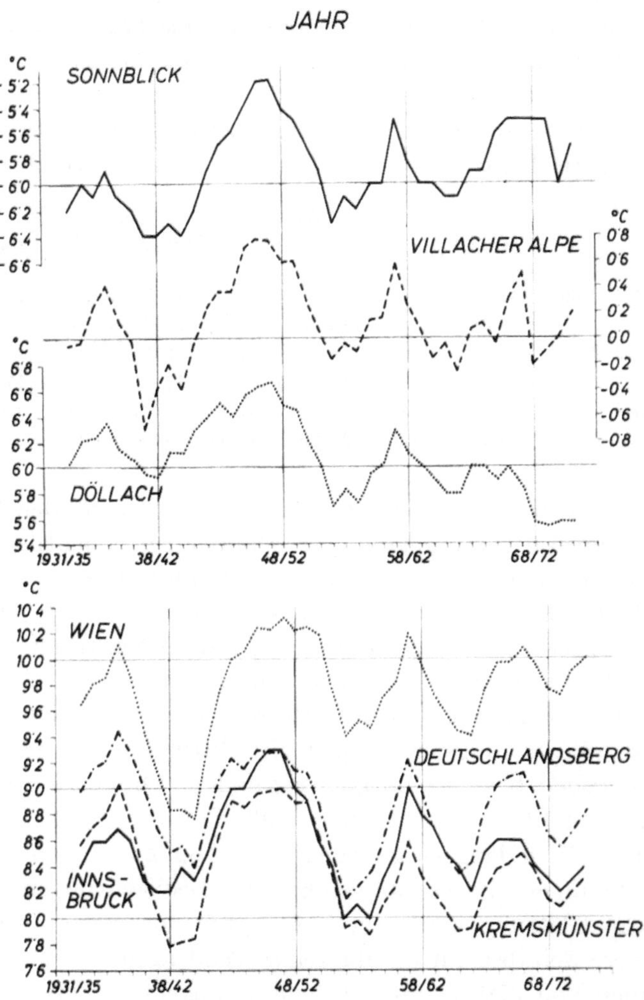

Abb. 1. Änderung der Jahresmitteltemperatur in Wien-Hohe Warte, Kremsmünster, Innsbruck, Deutschlandsberg, Döllach, auf der Villacher Alpe und auf dem Sonnblick nach übergreifenden 5jährigen Mittelwerten vom Lustrum 1931/35 bis zum Lustrum 1971/75.

mit einem Spitzenwert im Lustrum 1947/51, das auf eine länger andauernde Periode mit überwiegend zu warmen Jahren hinweist. Daneben fallen noch engere Spitzen in den Lustren 1934/38, 1957/61 und 1966/70 auf, die nur zum Teil dem Hauptmaximum nahekommen und kürzere Perioden mit überwiegend zu warmen Jahren anzeigen. Dazwischen liegen Tiefstwerte der Lustrummittel um 1939/43, 1952/56 und 1962/66, die Perioden mit überwiegend zu kalten Jahren entsprechen.

Einen ähnlichen Verlauf wie die Kurven der 5jährig übergreifend gemittelten Jahrestemperaturen zeigen auch die Kurven der 5jährig übergreifend gemittelten Wintertemperaturen (Abb. 2), was darauf hinweist, daß die stark abnormal milden oder strengen Winter einen maßgebenden Einfluß auf die Jahresmitteltemperaturen haben. Dies ist verständlich, da, wie aus den Tab. 1 und 2 zu ersehen ist, die Wintertemperaturmittel wesentlich stärkere Abweichungen von den Durchschnittswerten aufweisen als die Temperaturmittel der anderen Jahreszeiten. Eine auffallende beträchtliche Abweichung von dem Verlauf der Lustrummittel der Jahrestemperatur zeigt sich nur darin,

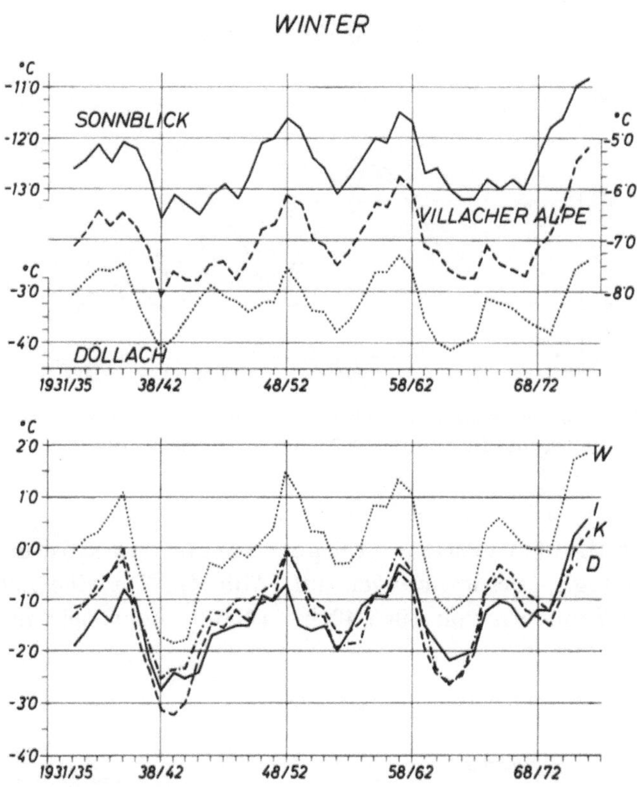

Abb. 2. Änderung der Wintertemperatur nach übergreifenden 5jährigen Mittelwerten vom Lustrum 1931/35 bis zum Lustrum 1971/75. Stationen wie in Abb. 1.

daß in der jüngsten Zeit eine überaus starke Zunahme der Lustrummittel der Wintertemperatur von 1969/73 bis 1972/76 erfolgt ist, so daß die Höchstwerte der ganzen Periode von 1931 bis 1975 im Lustrum 1972/76 erreicht worden sind.

In den Kurven der 5jährig übergreifend gemittelten Frühlingstemperaturen (Abb. 3) fällt ein stark entwickeltes Maximum mit einem Spitzenwert im Lustrum 1945/49 als Anzeichen von Folgen überwiegend zu warmer Frühlinge auf, das auch wesentlich zur Verbreiterung der Periode überwiegend zu warmer Jahre in diesem Zeitabschnitt beiträgt. Dieses Maximum wird flankiert von Tiefstwerten der Lustrummittel der Frühlingstemperatur um 1938/42 und 1954/58, um welche Zeiten die Frühlingstemperaturen überwiegend abnormal zu niedrig waren. In den späteren Zeiten sind die Schwankungen der Lustrummittel der Frühlingstemperaturen verhältnismäßig nur klein gewesen.

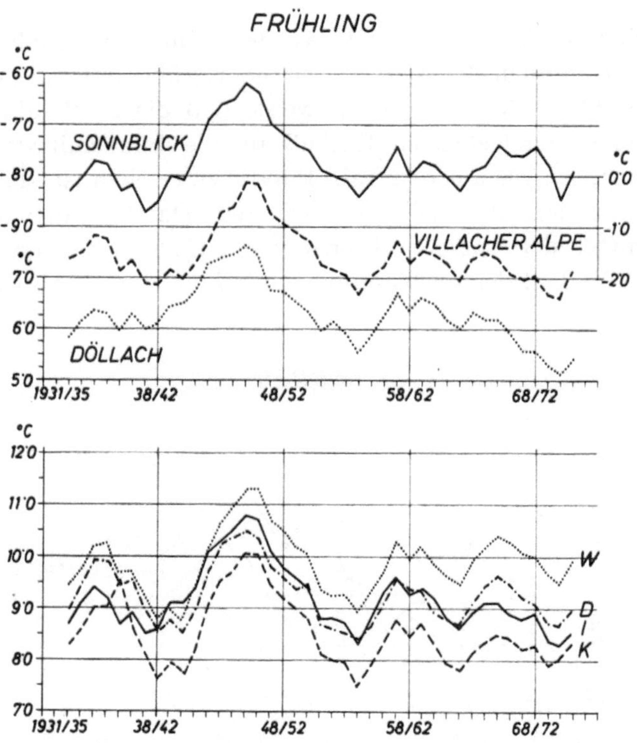

Abb. 3. Änderung der Frühlingstemperatur nach übergreifenden 5jährigen Mittelwerten vom Lustrum 1931/35 bis zum Lustrum 1971/75. Stationen wie in Abb. 1.

Die Reihe der Lustrummitteltemperaturen des Sommers weist im allgemeinen nur geringfügige Schwankungen auf (Abb. 4). Nur eine Zeitspanne mit überwiegend zu warmen Sommern von 1943/47 bis 1950/54 hebt sich im Kurvenbild merklich heraus.

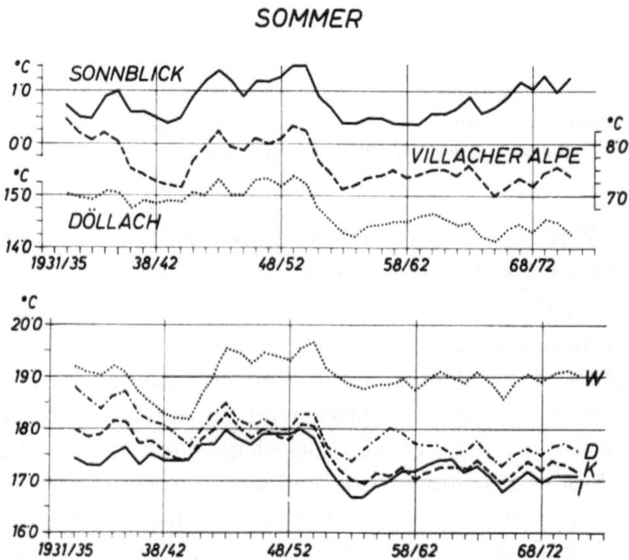

Abb. 4. Änderung der Sommertemperatur nach übergreifenden 5jährigen Mittelwerten vom Lustrum 1931/35 bis zum Lustrum 1971/75. Stationen wie in Abb. 1.

Zu F. Steinhauser: Die Änderungen der klimatischen Elemente in Österreich seit 1930

Tabelle I: Jahresmittel und Jahreszeitenmittel der Temperatur 1931 - 1975 (°C)

a) WIEN - HOHE WARTE, 48° 15' N, 16° 22' E, 203 m

	1931	1932	1933	1934	1935	1936	1937	1938	1939	1940	1941	1942
Jahr	9.0	9.6	8.6	11.0	9.5	9.7	9.8	10.1	9.6	7.4	8.2	8.4
Winter	0.2	-0.7	-0.8	-1.3	1.5	1.6	0.1	0.9	2.0	-5.2	-2.4	-3.8
Frühling	8.8	8.5	8.9	11.8	8.2	10.2	10.6	9.4	9.2	8.2	8.1	8.1
Sommer	19.0	19.3	18.3	19.4	19.3	18.5	18.9	19.1	18.8	17.4	17.7	18.0
Herbst	7.8	11.2	9.3	10.9	10.6	8.5	10.1	10.5	9.3	10.1	7.7	11.3

	1943	1944	1945	1946	1947	1948	1949	1950	1951	1952	1953	1954
Jahr	9.8	9.3	10.3	10.0	9.8	10.1	10.3	10.2	10.4	9.6	10.1	8.9
Winter	0.5	1.1	-0.7	0.5	-4.3	2.1	0.8	0.8	1.7	1.4	0.0	-2.8
Frühling	10.2	8.1	11.2	11.8	10.6	11.6	9.8	11.1	9.3	9.5	10.2	8.9
Sommer	18.5	18.7	19.7	19.6	20.0	17.9	18.0	20.4	19.2	19.9	19.0	18.4
Herbst	10.4	9.8	10.1	9.2	11.4	10.2	10.9	9.5	11.0	8.5	10.5	10.1

	1955	1956	1957	1958	1959	1960	1961	1962	1963	1964	1965	1966
Jahr	9.0	8.4	10.0	9.9	10.0	9.7	10.4	8.8	8.8	9.3	8.9	10.3
Winter	0.7	-1.4	1.4	1.7	1.0	0.7	1.3	0.2	-4.6	-2.9	-0.5	2.1
Frühling	7.7	8.4	9.6	8.4	10.7	9.6	11.5	8.3	9.3	8.9	8.6	10.6
Sommer	18.0	18.2	19.2	18.6	18.6	18.2	18.7	18.1	19.6	19.4	17.5	18.1
Herbst	9.8	9.4	9.7	10.6	9.4	10.5	11.0	9.3	11.3	10.3	8.7	11.3

	1967	1968	1969	1970	1971	1972	1973	1974	1975	1976
Jahr	10.4	9.9	9.4	9.6	9.9	9.6	9.9	10.5	10.4	
Winter	1.6	0.8	-1.4	-1.7	0.5	1.5	0.7	2.7	3.2	1.1
Frühling	10.5	10.8	9.8	8.7	9.6	10.4	9.7	10.6	10.5	
Sommer	19.2	18.6	18.4	19.2	19.3	19.0	19.3	18.7	18.9	
Herbst	10.7	10.4	11.4	10.6	9.3	8.6	9.4	8.9	10.1	

b) KREMSMÜNSTER, 48° 03' N, 14° 08' E, 382 m

	1931	1932	1933	1934	1935	1936	1937	1938	1939	1940	1941	1942
Jahr	8.0	8.6	7.7	9.9	8.7	8.7	9.0	8.9	8.3	6.7	7.3	7.7
Winter	-0.8	-1.9	-1.8	-2.2	0.8	-0.2	-0.6	0.0	-1.2	-6.2	-3.6	-4.7
Frühling	7.9	7.5	8.0	10.7	7.3	9.6	9.6	8.0	8.1	7.7	6.9	7.4
Sommer	17.9	18.2	17.1	18.1	18.6	17.3	18.5	18.3	18.0	16.6	17.5	17.4
Herbst	7.1	10.4	8.7	10.0	9.8	7.8	9.1	9.7	8.7	9.1	7.3	10.6

	1943	1944	1945	1946	1947	1948	1949	1950	1951	1952	1953	1954
Jahr	9.1	8.4	9.1	9.0	8.9	8.9	8.9	9.2	9.1	8.4	8.9	7.5
Winter	-0.5	0.1	-1.8	-0.5	-5.1	1.3	-1.0	0.0	-0.2	-0.1	-1.2	-3.6
Frühling	9.4	7.2	10.1	11.1	10.0	10.3	8.8	10.0	8.2	8.6	9.3	7.7
Sommer	17.7	17.9	18.5	18.6	19.0	16.2	16.8	19.4	17.9	18.7	17.7	16.6
Herbst	9.6	8.9	8.8	8.0	10.2	9.0	9.7	8.4	9.8	7.2	9.2	8.4

Tabelle I: 1. Fortsetzung

	1955	1956	1957	1958	1959	1960	1961	1962	1963	1964	1965	1966
Jahr	7.8	7.1	8.6	8.4	8.7	8.4	8.8	7.4	7.6	8.0	7.7	8.9
Winter	-0.6	-2.6	0.0	-0.3	-1.1	-0.7	-0.2	-1.2	-6.4	-3.6	-1.7	0.9
Frühling	` 6.8	7.5	8.4	7.1	9.6	8.9	9.8	7.0	8.1	7.8	6.9	9.1
Sommer	16.8	16.3	17.8	17.3	17.6	16.6	17.0	16.7	18.0	18.0	16.6	16.7
Herbst	8.3	8.1	8.3	9.5	8.2	9.3	9.6	8.2	10.0	9.0	7.6	9.4

	1967	1968	1969	1970	1971	1972	1973	1974	1975	1976
Jahr	8.9	8.4	8.2	8.1	8.3	7.7	8.1	8.8	8.7	
Winter	0.5	-0.3	-2.0	-2.5	-1.6	-0.2	-1.2	0.9	1.9	0.1
Frühling	8.6	9.3	8.5	6.7	8.0	8.8	7.6	8.9	8.5	
Sommer	17.7	16.8	17.0	17.7	17.7	17.0	17.6	16.6	17.0	
Herbst	9.1	8.9	9.8	9.4	8.0	6.8	8.2	7.3	8.8	

c) INNSBRUCK - UNIVERSITÄT, 47° 16' N, 11° 24' E, 582 m

	1931	1932	1933	1934	1935	1936	1937	1938	1939	1940	1941	1942
Jahr	7.7	8.8	7.7	9.3	8.4	8.7	8.8	8.3	8.6	7.3	8.1	8.6
Winter	-2.3	-2.6	-1.3	-3.0	-0.3	0.6	-0.9	-2.2	-0.1	-4.2	-3.4	-4.1
Frühling	8.4	8.2	8.6	10.9	7.5	10.2	9.6	7.9	8.2	8.6	8.4	10.1
Sommer	17.2	17.9	16.6	17.2	18.2	16.7	17.7	17.8	17.8	16.6	17.5	17.4
Herbst	7.9	10.3	9.1	9.4	9.8	7.5	8.8	9.4	8.8	9.5	8.1	10.1

	1943	1944	1945	1946	1947	1948	1949	1950	1951	1952	1953	1954
Jahr	9.3	8.0	8.6	9.3	9.6	9.3	9.2	9.0	9.3	8.2	8.8	7.8
Winter	0.0	-0.9	-3.4	-0.2	-3.7	0.8	-1.0	-0.6	-0.7	-2.1	-2.9	-1.8
Frühling	10.4	8.0	10.2	11.8	11.3	11.2	9.4	10.0	8.6	10.0	10.0	8.3
Sommer	17.5	18.0	18.0	17.6	19.1	16.4	17.2	19.1	17.9	18.7	17.3	16.1
Herbst	9.4	8.2	8.2	9.1	10.5	9.4	10.4	8.6	10.4	6.6	10.0	8.7

	1955	1956	1957	1958	1959	1960	1961	1962	1963	1964	1965	1966
Jahr	7.9	7.1	8.9	8.5	9.2	8.9	9.5	7.7	8.0	8.6	8.1	8.8
Winter	-0.1	-3.2	0.1	-0.7	-0.4	-0.1	-0.3	-0.8	-5.7	-2.2	-1.9	0.3
Frühling	7.3	8.5	9.2	8.1	10.8	9.8	10.1	7.5	8.8	9.6	8.0	9.3
Sommer	16.6	16.2	17.1	17.6	17.1	16.9	17.4	17.0	18.0	17.9	16.8	16.2
Herbst	7.8	7.8	8.7	9.0	9.0	9.4	10.7	8.8	10.2	8.7	8.5	9.9

	1967	1968	1969	1970	1971	1972	1973	1974	1975	1976
Jahr	8.8	8.6	8.5	8.1	8.1	8.3	8.1	9.0	8.7	
Winter	-0.7	-1.3	-1.6	-2.3	-1.6	0.7	-1.1	1.9	1.5	0.1
Frühling	8.7	9.7	10.0	6.8	8.6	9.2	7.4	9.3	8.7	
Sommer	17.7	16.9	16.6	17.4	17.5	16.6	17.4	16.8	17.0	
Herbst	9.7	9.4	9.9	9.2	7.7	6.7	8.1	7.6	8.8	

Tabelle I: 2. Fortsetzung

d) DEUTSCHLANDSBERG, 46° 50' N, 15° 13' E, 410 m

	1931	1932	1933	1934	1935	1936	1937	1938	1939	1940	1941	1942
Jahr	8.5	9.0	8.0	10.3	9.1	9.4	9.3	9.2	9.4	7.7	7.9	8.4
Winter	-0.3	-2.8	-1.9	-2.2	0.5	1.0	-0.6	-1.1	0.2	-4.8	-2.6	-4.2
Frühling	8.3	8.0	9.0	11.6	8.0	10.9	10.2	8.9	9.2	8.6	8.0	7.9
Sommer	19.0	19.4	18.0	18.4	19.2	18.1	18.4	19.1	18.8	17.2	17.4	18.0
Herbst	7.9	10.8	9.0	10.1	10.2	7.7	9.4	10.3	9.5	10.2	7.7	11.2

	1943	1944	1945	1946	1947	1948	1949	1950	1951	1952	1953	1954
Jahr	9.4	8.6	9.6	9.4	9.2	9.0	9.3	9.5	9.4	8.5	8.9	8.0
Winter	-0.3	0.3	-1.6	-0.3	-4.4	1.0	0.2	-0.7	0.4	-0.9	-1.3	-3.8
Frühling	10.0	8.1	11.2	11.5	10.4	10.7	8.7	10.6	8.6	9.5	9.5	9.2
Sommer	18.1	17.7	18.9	18.9	19.0	16.3	17.2	19.5	18.2	18.9	17.8	17.0
Herbst	10.0	9.0	9.1	8.6	10.6	9.3	10.4	8.7	10.1	7.0	9.6	8.8

	1955	1956	1957	1958	1959	1960	1961	1962	1963	1964	1965	1966
Jahr	7.7	7.6	9.0	9.5	9.3	9.1	9.2	7.8	8.0	8.3	8.4	9.6
Winter	-1.0	-2.6	-0.6	-1.1	0.7	0.3	0.7	-2.6	-5.7	-4.4	-1.0	1.4
Frühling	6.8	8.1	9.0	9.0	10.4	9.1	10.5	8.1	8.7	8.2	8.5	10.0
Sommer	16.4	17.4	18.4	18.9	17.9	17.6	16.9	17.4	18.6	17.9	16.9	17.1
Herbst	9.0	8.5	8.9	10.2	8.2	9.5	10.5	8.7	10.5	9.8	8.5	10.1

	1967	1968	1969	1970	1971	1972	1973	1974	1975	1976
Jahr	9.7	9.1	8.6	8.5	8.8	8.2	8.6	9.2	9.2	
Winter	0.4	-0.1	-2.2	-1.9	-0.4	-0.4	-1.0	1.1	2.3	
Frühling	9.9	10.6	9.3	7.6	8.7	9.3	8.7	9.1	9.4	
Sommer	18.3	17.2	17.0	17.9	17.8	17.6	18.0	17.5	17.3	
Herbst	10.5	9.7	10.3	9.8	8.3	7.5	8.2	8.0	9.2	

e) DÖLLACH, 46° 58' N, 12° 54' E, 1025 m

	1931	1932	1933	1934	1935	1936	1937	1938	1939	1940	1941	1942
Jahr	5.4	6.2	5.7	6.9	5.9	6.3	6.3	6.3	5.9	5.5	5.7	6.2
Winter	-3.5	-3.7	-2.9	-3.5	-2.1	-1.9	-2.6	-3.0	-2.8	-5.5	-4.5	-4.9
Frühling	5.4	5.1	6.5	7.4	4.7	7.0	6.2	6.2	5.6	6.4	5.6	6.7
Sommer	14.8	15.2	14.5	14.8	15.7	14.5	15.1	15.2	14.8	14.3	15.1	14.9
Herbst	5.4	7.7	6.1	6.7	6.8	5.5	6.4	7.1	6.1	7.6	5.3	8.0

	1943	1944	1945	1946	1947	1948	1949	1950	1951	1952	1953	1954
Jahr	7.3	5.9	6.3	6.3	6.7	6.8	6.7	6.6	6.5	5.8	6.6	5.5
Winter	-1.8	-1.2	-3.4	-3.1	-6.0	-2.3	-2.1	-2.7	-2.9	-2.7	-4.0	-4.5
Frühling	8.0	5.8	7.6	8.3	7.4	8.2	6.6	6.7	4.9	7.3	7.3	5.6
Sommer	15.4	14.7	15.2	15.0	16.3	14.0	14.7	16.3	15.4	15.5	14.9	13.9
Herbst	7.6	6.0	5.9	6.0	8.1	7.6	7.5	6.4	7.8	4.3	7.5	6.7

Tabelle I: 3. Fortsetzung

	1955	1956	1957	1958	1959	1960	1961	1962	1963	1964	1965	1966
Jahr	5.6	5.0	6.4	6.1	6.6	6.0	6.3	5.3	5.8	6.2	5.3	6.3
Winter	-2.8	-4.8	-1.6	-2.0	-2.0	-2.6	-3.5	-2.7	-6.7	-4.2	-3.6	-2.9
Frühling	4.9	5.5	6.3	5.4	7.4	6.8	7.6	4.7	6.5	6.9	5.3	6.8
Sommer	14.1	14.3	14.2	14.6	14.9	14.3	14.6	14.2	15.2	15.0	13.8	14.0
Herbst	6.0	5.5	6.3	6.8	6.0	6.4	7.1	6.0	7.8	6.6	5.5	6.8

	1967	1968	1969	1970	1971	1972	1973	1974	1975	1976
Jahr	6.4	5.6	5.9	5.7	5.6	5.0	5.5	6.0	5.8	
Winter	-2.1	-2.9	-3.5	-4.1	-3.8	-2.9	-3.6	-1.8	-0.8	-2.9
Frühling	6.0	6.2	6.5	4.2	5.3	5.8	4.9	5.6	5.4	
Sommer	14.5	13.9	14.3	15.0	14.7	13.8	14.8	14.2	14.0	
Herbst	7.1	6.4	7.1	7.1	5.3	4.0	5.8	4.6	5.9	

f) VILLACHER - ALPE, 46° 36' N, 13° 40' E, 2160 m

	1931	1932	1933	1934	1935	1936	1937	1938	1939	1940	1941	1942
Jahr	(-0.1)	(-0.8)	-0.5	1.3	-0.2	0.4	0.2	0.3	-0.1	-0.9	-0.9	0.0
Winter	-7.8	-7.3	-6.6	-7.1	-6.9	-6.3	-5.4	-7.9	-5.9	-8.2	-8.7	-9.9
Frühling	(-1.3)	(-2.6)	-1.9	0.4	-2.8	(-0.6)	-1.2	-2.0	-2.7	-1.8	-2.9	-1.3
Sommer	(8.9)	(8.6)	7.4	8.7	8.6	7.6	8.0	8.1	7.8	6.1	7.1	7.3
Herbst	-0.1	(2.9)	0.9	1.9	1.9	0.0	0.7	2.8	0.7	1.6	-0.6	2.8

	1943	1944	1945	1946	1947	1948	1949	1950	1951	1952	1953	1954
Jahr	0.9	-0.7	0.5	0.5	0.6	0.9	1.0	0.9	0.4	-0.2	0.9	-0.6
Winter	-5.4	-6.7	-8.2	-7.2	-9.7	-7.0	-4.7	-5.4	-6.7	-6.8	-7.9	-8.1
Frühling	-0.5	-3.7	-0.3	0.6	0.3	0.1	-1.3	-0.6	-2.3	-0.7	-0.7	-2.2
Sommer	7.8	7.5	8.5	8.5	8.9	6.3	7.2	9.6	8.0	9.3	7.6	6.7
Herbst	1.8	-0.1	1.0	1.3	2.9	2.9	2.4	1.3	1.2	-1.1	3.4	1.9

	1955	1956	1957	1958	1959	1960	1961	1962	1963	1964	1965	1966
Jahr	-0.3	-0.9	0.7	0.6	0.6	-0.2	1.2	-0.9	-0.3	0.6	-0.8	0.1
Winter	-6.0	-8.7	-5.5	-5.5	-5.6	-6.4	-5.6	-7.1	-10.9	-6.2	-8.2	-6.2
Frühling	-2.8	-2.7	-1.4	-2.4	-0.6	-1.8	-0.1	-3.5	-1.5	-0.9	-2.7	-1.5
Sommer	6.7	6.9	7.8	7.8	7.5	7.0	7.4	7.1	8.0	8.0	7.0	6.9
Herbst	0.5	1.2	2.0	2.4	1.2	0.5	3.4	0.8	2.5	1.0	1.2	1.6

	1967	1968	1969	1970	1971	1972	1973	1974	1975	1976
Jahr	0.7	0.0	-0.2	-0.3	0.3	0.0	0.1	-0.1	0.7	
Winter	-7.2	-7.6	-8.2	-8.6	-6.8	-4.6	-6.0	-5.4	-4.6	-5.1
Frühling	-1.6	-0.8	-1.5	-4.0	-2.1	-1.4	-2.7	-1.8	-1.4	
Sommer	7.9	6.6	6.6	7.7	7.8	7.2	7.9	7.1	6.9	
Herbst	3.6	2.2	2.7	2.7	0.8	-0.5	1.9	-1.4	1.6	

Tabelle I: 4. Fortsetzung

g) SONNBLICK, 47° 03' N, 12° 57' E, 3106 m

	1931	1932	1933	1934	1935	1936	1937	1938	1939	1940	1941	1942
Jahr	-6.6	-5.5	-6.9	-5.2	-6.6	-5.8	-6.1	-5.9	-6.1	-7.0	-7.0	-6.0
Winter	-13.4	-12.3	-12.1	-12.6	-12.7	-12.2	-11.0	-13.8	-11.0	-13.2	-14.6	-15.5
Frühling	-8.2	-9.1	-8.5	-6.2	-9.3	-6.7	-7.6	-9.0	-9.0	-8.6	-9.0	-6.9
Sommer	1.4	0.9	-0.3	0.2	1.3	0.6	0.9	1.5	0.8	-0.8	0.3	0.8
Herbst	-5.9	-3.2	-5.1	-4.1	-3.8	-6.0	-5.1	-3.0	-4.8	-4.3	-6.0	-3.8

	1943	1944	1945	1946	1947	1948	1949	1950	1951	1952	1953	1954
Jahr	-5.4	-6.7	-5.8	-5.5	-5.2	-5.0	-5.3	-5.2	-5.3	-6.4	-5.2	-6.4
Winter	-11.0	-12.4	-13.8	-12.7	-14.4	-12.5	-10.1	-10.8	-11.9	-12.8	-13.6	-13.1
Frühling	-6.7	-9.3	-6.2	-5.4	-5.6	-6.1	-7.7	-7.0	-8.4	-6.9	-7.2	-7.9
Sommer	0.8	1.2	1.6	1.4	1.8	-0.1	0.0	2.7	1.4	2.3	0.9	0.0
Herbst	-4.1	-5.5	-5.2	-4.4	-3.1	-3.1	-3.0	-4.7	-3.7	-7.2	-2.3	-3.9

	1955	1956	1957	1958	1959	1960	1961	1962	1963	1964	1965	1966
Jahr	-6.4	-7.1	-5.4	-5.5	-5.4	-6.3	-5.0	-7.0	-6.1	-5.3	-7.0	-5.3
Winter	-11.8	-14.2	-11.5	-11.2	-11.5	-12.2	-11.0	-12.6	-16.1	-11.2	-14.1	-11.8
Frühling	-9.1	-9.1	-7.2	-8.8	-6.5	-7.9	-6.6	-10.0	-7.5	-6.9	-9.1	-8.1
Sommer	-0.1	0.3	0.7	1.2	0.6	-0.1	-0.3	0.4	1.6	1.2	0.2	0.3
Herbst	-5.2	-4.6	-3.3	-0.3	-4.1	-5.5	-2.5	-4.8	-3.3	-4.5	-4.4	-1.1

	1967	1968	1969	1970	1971	1972	1973	1974	1975	1976
Jahr	-5.6	-6.1	-3.9	-6.4	-5.5	-5.7	-6.1	-6.2	-5.1	
Winter	-12.9	-14.0	-12.0	-13.5	-12.4	-10.1	-11.2	-11.0	-10.4	-10.9
Frühling	-8.0	-6.9	-4.9	-10.3	-7.7	-7.1	-9.1	-8.1	-7.5	
Sommer	1.2	-0.1	2.1	1.0	1.6	0.5	1.5	0.5	0.8	
Herbst	-2.2	-3.6	-0.8	-3.4	-4.9	-6.0	-4.1	-6.9	-3.9	

Tabelle II: Niederschlagssummen (mm) im Winterhalbjahr (Oktober - März), im Sommerhalbjahr (April - September) und im Jahr

a) WIEN - HOHE WARTE (203 m)

	1931	1932	1933	1934	1935	1936	1937	1938	1939	1940	1941	1942
Winter - Halbj.	452	191	195	282	268	275	385	269	225	311	334	288
Sommer - Halbj.	437	223	330	296	296	393	507	521	380	468	544	384
Jahressumme	660	404	611	501	605	721	829	751	723	648	988	576
	1943	1944	1945	1946	1947	1948	1949	1950	1951	1952	1953	1954
Winter - Halbj.	194	292	466	333	323	455	152	324	365	298	189	125
Sommer - Halbj.	370	398	293	296	218	312	421	428	468	275	351	408
Jahressumme	566	907	630	622	568	643	686	809	703	538	498	693
	1955	1956	1957	1958	1959	1960	1961	1962	1963	1964	1965	1966
Winter - Halbj.	316	202	339	263	241	270	217	280	300	175	339	206
Sommer - Halbj.	421	321	315	366	543	368	330	244	296	280	643	467
Jahressumme	626	620	559	693	796	571	611	543	472	594	873	781
	1967	1968	1969	1970	1971	1972	1973	1974	1975			
Winter - Halbj.	316	193	304	304	343	227	196	219	337			
Sommer - Halbj.	360	267	343	321	297	480	378	231	456			
Jahressumme	569	504	644	706	531	665	619	588	659			

b) KREMSMÜNSTER (382 m)

	1931	1932	1933	1934	1935	1936	1937	1938	1939	1940	1941	1942
Winter - Halbj.	424	266	320	288	370	310	475	355	323	441	404	414
Sommer - Halbj.	646	552	614	486	571	695	629	562	656	663	684	521
Jahressumme	963	816	963	730	958	1088	1028	900	1108	987	1169	870
	1943	1944	1945	1946	1947	1948	1949	1950	1951	1952	1953	1954
Winter - Halbj.	303	451	502	409	365	627	219	386	413	467	323	292
Sommer - Halbj.	587	679	589	455	375	723	802	502	589	597	664	906
Jahressumme	834	1294	1041	836	866	1117	1135	924	933	1105	893	1289
	1955	1956	1957	1958	1959	1960	1961	1962	1963	1964	1965	1966
Winter - Halbj.	377	311	489	420	388	468	308	417	385	271	598	410
Sommer - Halbj.	838	814	745	654	849	596	561	601	568	691	792	835
Jahressumme	1151	1239	1061	1261	1141	1011	932	1047	857	1186	1198	1343
	1967	1968	1969	1970	1971	1972	1973	1974	1975			
Winter - Halbj.	452	307	274	336	366	197	285	337	426			
Sommer - Halbj.	502	679	509	648	496	636	482	813	661			
Jahressumme	839	966	787	1116	729	867	824	1209	915			

Tabelle II: 1. Fortsetzung

c) INNSBRUCK - UNIVERSITÄT (582 m)

	1931	1932	1933	1934	1935	1936	1937	1938	1939	1940	1941	1942
Winter - Halbj.	291	233	289	293	384	310	385	307	208	365	238	207
Sommer - Halbj.	595	388	631	544	477	593	622	438	483	513	611	550
Jahressumme	845	695	972	741	935	875	1017	634	824	822	819	837

	1943	1944	1945	1946	1947	1948	1949	1950	1951	1952	1953	1954
Winter - Halbj.	279	237	447	252	213	439	177	366	517	298	321	269
Sommer - Halbj.	615	581	522	503	359	558	468	578	520	559	590	821
Jahressumme	735	1061	807	738	655	869	789	894	1000	996	731	1213

	1955	1956	1957	1958	1959	1960	1961	1962	1963	1964	1965	1966
Winter - Halbj.	345	287	309	240	372	337	308	367	255	186	445	280
Sommer - Halbj.	624	700	693	501	488	605	503	543	536	544	694	856
Jahressumme	906	1027	887	973	731	975	784	908	715	942	987	1256

	1967	1968	1969	1970	1971	1972	1973	1974	1975
Winter - Halbj.	466	295	194	317	274	149	288	296	364
Sommer - Halbj.	580	550	552	708	402	615	544	546	636
Jahressumme	896	824	736	1109	757	826	847	868	893

d) DEUTSCHLANDSBERG (410 m)

	1931	1932	1933	1934	1935	1936	1937	1938	1939	1940	1941	1942
Winter - Halbj.	505	308	364	450	395	502	336	313	231	366	480	421
Sommer - Halbj.	625	380	720	631	582	702	987	739	629	703	590	484
Jahressumme	1022	713	1214	1004	1000	1055	1446	922	974	1042	1067	757

	1943	1944	1945	1946	1947	1948	1949	1950	1951	1952	1953	1954
Winter - Halbj.	185	285	473	175	423	328	235	325	615	386	311	266
Sommer - Halbj.	617	732	458	597	508	782	632	516	566	556	574	836
Jahressumme	890	1188	682	896	899	1130	881	964	1049	966	788	1156

	1955	1956	1957	1958	1959	1960	1961	1962	1963	1964	1965	1966
Winter - Halbj.	388	333	375	362	387	460	362	518	488	341	494	355
Sommer - Halbj.	610	809	774	670	758	633	595	924	706	644	903	773
Jahressumme	1035	1153	1020	1225	1150	1070	1030	1354	1133	1137	1246	1232

	1967	1968	1969	1970	1971	1972	1973	1974	1975
Winter - Halbj.	454	243	534	453	280	455	395	333	405
Sommer - Halbj.	678	757	739	726	484	1129	919	658	706
Jahressumme	997	1046	1276	1110	794	1608	1214	1015	1179

Tabelle II: 2. Fortsetzung

e) DÖLLACH (1025 m)

	1931	1932	1933	1934	1935	1936	1937	1938	1939	1940	1941	1942
Winter - Halbj.	317	262	257	394	408	644	373	250	258	291	282	134
Sommer - Halbj.	622	336	554	661	548	522	695	521	518	406	524	610
Jahressumme	1023	579	894	1005	1229	804	1128	749	822	686	708	796
	1943	**1944**	**1945**	**1946**	**1947**	**1948**	**1949**	**1950**	**1951**	**1952**	**1953**	**1954**
Winter - Halbj.	194	125	312	178	301	403	169	382	692	250	294	310
Sommer - Halbj.	540	703	577	685	336	495	483	562	341	577	518	716
Jahressumme	644	972	790	845	737	804	825	885	(965)	919	750	1093
	1955	**1956**	**1957**	**1958**	**1959**	**1960**	**1961**	**1962**	**1963**	**1964**	**1965**	**1966**
Winter - Halbj.	402	255	309	259	382	463	408	310	253	208	401	142
Sommer - Halbj.	514	554	694	641	369	574	359	500	408	322	635	671
Jahressumme	803	877	946	1078	731	1077	634	786	656	677	809	981
	1967	**1968**	**1969**	**1970**	**1971**	**1972**	**1973**	**1974**	**1975**			
Winter - Halbj.	339	255	267	193	228	223	146	243	192			
Sommer - Halbj.	572	431	336	454	374	606	602	446	366			
Jahressumme	777	717	498	723	593	814	778	668	1079			

f) VILLACHER ALPE (2159 m)

	1931	1932	1933	1934	1935	1936	1937	1938	1939	1940	1941	1942
Winter - Halbj.	405	329	375	701	616	869	612	377	366	422	678	244
Sommer - Halbj.	593	535	744	1013	728	838	(1095)	764	777	661	760	743
Jahressumme	(1072)	882	1285	1742	1432	1305	1840	1082	1172	1222	1195	1080
	1943	**1944**	**1945**	**1946**	**1947**	**1948**	**1949**	**1950**	**1951**	**1952**	**1953**	**1954**
Winter - Halbj.	369	372	655	377	771	723	480	728	1717	793	512	442
Sommer - Halbj.	928	792	800	891	527	1148	730	756	807	902	926	983
Jahressumme	1275	1421	1172	1344	1380	1774	1387	1605	2401	1681	1221	1552
	1955	**1956**	**1957**	**1958**	**1959**	**1960**	**1961**	**1962**	**1963**	**1964**	**1965**	**1966**
Winter - Halbj.	760	417	532	578	846	939	1107	702	547	507	1138	621
Sommer - Halbj.	845	910	879	1194	1048	1128	556	845	651	633	1355	873
Jahressumme	1555	1352	1387	2181	1773	2273	1333	1390	1302	1430	2247	1607
	1967	**1968**	**1969**	**1970**	**1971**	**1972**	**1973**	**1974**	**1975**			
Winter - Halbj.	887	694	724	625	624	526	416	409	641			
Sommer - Halbj.	767	811	662	838	497	831	949	719	1113			
Jahressumme	1444	1514	1367	1438	1070	1322	1336	1102	1939			

Tabelle II: 3. Fortsetzung

g) SONNBLICK (Ombrometer, 3106 m)

	1931	1932	1933	1934	1935	1936	1937	1938	1939	1940	1941	1942
Winter - Halbj.	609	685	597	770	890	859	775	753	652	640	433	251
Sommer - Halbj.	741	675	1021	817	762	925	795	777	516	722	618	544
Jahressumme	1581	1183	1719	1561	1798	1608	1608	1480	1214	1248	961	773

	1943	1944	1945	1946	1947	1948	1949	1950	1951	1952	1953	1954
Winter - Halbj.	324	397	527	499	358	677	556	514	902	845	735	576
Sommer - Halbj.	520	600	627	633	417	573	540	574	501	759	818	1011
Jahressumme	798	1090	1197	1094	839	1155	1150	1146	1454	1740	1309	1793

	1955	1956	1957	1958	1959	1960	1961	1962	1963	1964	1965	1966
Winter - Halbj.	682	585	646	623	754	792	777	732	566	473	815	629
Sommer - Halbj.	988	984	859	876	899	1026	923	1327	793	721	966	1104
Jahressumme	1595	1519	1398	1840	1450	1882	1574	2100	1263	1368	1588	1868

	1967	1968	1969	1970	1971	1972	1973	1974	1975
Winter - Halbj.	785	690	715	707	747	385	587	715	1102
Sommer - Halbj.	859	920	859	892	641	1008	790	841	1018
Jahressumme	1581	1597	1512	1717	1250	1415	1527	1837	1793

Tabelle III: Jahressummen der im Sonnblick-Gebiet mit Totalisatoren gemessenen Niederschlagsmengen 1931 - 1975 (mm)

	1931	1932	1933	1934	1935	1936	1937	1938	1939	1940
Sonnblick	2368	2026	2850	2519	2170	2449	2603	2655	2500	2550
Oberes Fleißkees	2080	1431	2000	1930	1797	1740	1999	2050	1950	2000
Unteres Fleißkees	1819	1363	1780	1810	1617	1562	1630	1950	1900	1950
Unter Rojacherhütte	2235	1649	2090	2605	2298	2440	2687	2726	2700	2750

	1941	1942	1943	1944	1945	1946	1947	1948	1949	1950
Sonnblick	2416	2223	2294	3016	2260	2255	2270	2643	2567	2427
Oberes Fleißkees	1819	1675	1587	2684	1552	1550	1560	2403	2166	1260
Unteres Fleißkees	1798	1485	1342	1976	1498	1500	1510	2446	2016	1227
Unter Rojacherhütte	2260	2594	2295	2558	1961	2300	2400	2328	2118	2100

	1951	1952	1953	1954	1955	1956	1957	1958	1959	1960
Sonnblick	2537	2195	2021	2712	2732	2917	2671	2717	2785	3220
Oberes Fleißkees	1417	2010	1493	2058	2139	2531	2123	2332	2571	2216
Unteres Fleißkees	1467	1792	1185	1851	1783	1854	1866	2286	2031	1837
Unter Rojacherhütte	2450	2377	1752	2893	2737	2879	2561	2236	2601	3293

	1961	1962	1963	1964	1965	1966	1967	1968	1969	1970
Sonnblick	2840	2934	2134	2838	3520	3616	3204	2704	1908	3120
Oberes Fleißkees	2059	2259	1564	1885	2272	2616	1587	1628	1517	2096
Unteres Fleißkees	1606	1837	1346	1362	1928	1829	1184	(1286)	1186	2004
Unter Rojacherhütte	2677	2805	2318	2317	3261	2796	2440	2604	1518	2226

	1971	1972	1973	1974	1975
Sonnblick	1872	2604	2116	3296	2400
Oberes Fleißkees	1284	1947	1484	2036	1944
Unteres Fleißkees	1020	1558	1282	1952	1636
Unter Rojacherhütte	1647	1840	2360	2996	2664

Tabelle IV: Zahl der Tage mit Schneedecke in den Wintern 1930/31 bis 1974/75

	Langen	Längenfeld	Innsbruck	Schmittenhöhe	Rauris	Salzburg	Feuerkogel	Kremsmünster	Freistadt	Lunz am See	Wien
	1270m	1180m	578m	1964m	945m	433m	1592m	382m	548m	612m	202m
1930/31	182	122	94	229	124	88	213	66	115	122	65
1931/32	166	135	54	230	145	72	231	57	86	99	30
1932/33	164	103	55	235	63	55	199	36	89	69	77
1933/34	166	131	95	203	131	90	201	68	112	113	60
1934/35	173	111	66	210	112	75	201	48	59	96	53
1935/36	163	103	33	212	96	48	188	51	59	77	14
1936/37	215	136	100	248	134	48	238	49	81	133	30
1937/38	185	123	95	222	124	82	216	56	42	109	30
1938/39	157	90	53	204	79	69	160	65	90	108	37
1939/40	177	129	103	232	126	113	187	108	109	129	103
1940/41	179	118	74	202	117	104	211	84	104	131	44
1941/42	138	119	89	220	123	107	210	103	114	133	84
1942/43	154	100	71	196	112	83	180	40	68	114	40
1943/44	190	146	69	207	160	67	211	92	130	156	49
1944/45	189	143	92	214	152	72	188	65	72	116	51
1945/46	164	109	44	210	110	57	197	57	39	128	30
1946/47	153	117	93	202	113	97	220	99	103	114	75
1947/48	154	115	73	203	105	53	182	23	55	65	35
1948/49	140	95	71	197	115	45	170	41	64	115	31
1949/50	184	124	65	209	121	40	194	31	75	75	31
1950/51	197	160	104	230	142	74	208	52	121	124	20
1951/52	171	135	108	185	133	76	183	61	106	123	46
1952/53	185	139	135	249	115	71	180	45	89	129	69
1953/54	165	105	88	180	91	63	120	64	83	93	57
1954/55	172	137	107	238	117	72	212	52	96	87	70
1955/56	187	112	63	241	115	65	214	52	100	85	49
1956/57	173	109	43	240	102	36	215	29	66	69	23
1957/58	156	96	65	212	98	77	184	60	115	113	47
1958/59	157	47	31	214	52	53	204	50	80	81	21
1959/60	172	97	58	215	100	52	190	55	98	91	32
1960/61	157	124	82	219	104	52	188	38	73	88	24
1961/62	173	115	65	236	107	63	207	60	109	132	44
1962/63	178	150	102	246	154	124	192	109	129	140	97
1963/64	152	60	58	184	108	83	161	102	99	115	70
1964/65	200	128	107	256	145	87	250	84	72	119	82
1965/66	176	128	79	194	126	53	193	50	78	100	46
1966/67	184	151	106	146	136	49	209	60	99	130	32
1967/68	153	113	71	186	120	45	176	39	54	99	36
1968/69	133	116	66	182	85	58	164	61	40	103	74
1969/70	183	129	91	223	153	101	206	102	111	137	105
1970/71	151	78	71	211	112	76	202	70	73	154	59
1971/72	127	110	69	214	69	26	189	20	33	83	34
1972/73	186	145	72	216	146	83	214	32	56	176	38
1973/74	174	111	37	247	126	25	234	29	64	86	23
1974/75	222	139	57	261	139	28	239	17	37	88	5

Tabelle IV: Fortsetzung

	Mariensee	Eisenerz	Weiz	Graz	Deutschlandsberg	Neumarkt	Döllach	Heiligenblut	Bleiberg	Villacher Alpe	Luggau
	780m	737m	480m	367m	410m	842m	1025m	1257m	904m	2140m	1170m
1930/31	98	111	98	102	107	102	101	122	162	184	148
1931/32	49	119	54	52	125	119	100	124	163	206	133
1932/33	39	57	57	66	75	50	70	106	98	218	132
1933/34	104	99	80	93	82	103	101	169	169	212	174
1934/35	67	89	56	63	59	66	107	173	124	208	134
1935/36	72	65	39	60	43	64	119	154	139	229	143
1936/37	105	111	34	30	24	96	119	150	135	240	147
1937/38	124	96	55	88	86	96	80	105	137	203	115
1938/39	88	79	37	36	32	57	53	118	74	196	113
1939/40	128	114	81	69	92	119	110	129	130	158	123
1940/41	133	108	73	78	75	53	51	125	129	208	111
1941/42	177	109	65	101	120	107	67	110	158	185	156
1942/43	80	113	37	35	44	61	31	78	65	163	73
1943/44	145	130	35	15	39	100	33	145	151	184	143
1944/45	84	103	69	75	78	119	107	145	138	214	145
1945/46	70	95	34	42	40	54	94	140	98	180	130
1946/47	106	101	87	82	71	120	124	137	133	194	139
1947/48	75	89	43	32	30	104	110	131	120	190	126
1948/49	48	108	21	21	27	67	52	98	88	178	67
1949/50	71	89	45	70	51	94	131	148	135	206	152
1950/51	109	98	49	39	45	105	159	176	164	238	191
1951/52	91	112	67	66	70	87	72	99	106	190	92
1952/53	65	116	52	49	70	84	114	133	117	215	102
1953/54	53	79	77	80	69	91	86	110	105	215	103
1954/55	79	120	56	51	49	99	120	135	76	223	118
1955/56	78	107	50	54	59	89	102	116	85	235	49
1956/57	49	68	44	44	51	55	80	149	143	232	155
1957/58	73	104	37	43	45	79	87	130	125	216	138
1958/59	17	89	9	7	10	25	85	112	60	215	108
1959/60	65	77	42	38	35	84	140	147	116	210	154
1960/61	33	90	45	41	42	88	114	120	114	202	127
1961/62	82	130	74	60	83	112	117	126	132	231	154
1962/63	131	127	121	115	125	131	119	116	149	208	165
1963/64	65	79	77	78	89	75	59	62	101	170	107
1964/65	103	105	84	70	59	110	125	118	135	260	165
1965/66	57	102	48	66	44	104	104	105	133	193	128
1966/67	112	142	43	41	52	78	123	154	136	214	137
1967/68	67	119	58	67	36	99	94	104	124	172	129
1968/69	107	76	91	75	78	82	134	131	152	204	148
1969/70	126	125	101	94	78	107	144	159	156	210	139
1970/71	65	94	40	80	42	64	114	92	127	171	121
1971/72	90	15	68	63	67	97	119	114	120	229	151
1972/73	85	106	28	26	42	76	82	76	144	217	106
1973/74	77	91	31	25	33	69	109	123	91	203	108
1974/75	60	97	8	9	10	72	125	148	96	249	76

Die Kurvenbilder der 5jährig gemittelten Herbsttemperaturen in Abb. 5 lassen überwiegend zu warme Herbste im Lustrum 1947/51 erkennen. Nach einer Abnahme zu einem Minimum der Lustrumtemperaturen des Herbstes mit überwiegend zu kalten Herbstzeiten um 1952/56 folgt eine allmähliche Zunahme zum Hauptmaximum mit überwiegend zu warmen Herbstzeiten im Lustrum 1966/70. Von diesem Zeitabschnitt an erfolgt ein rascher Übergang von überwiegend zu warmen Herbstzeiten zu überwiegend zu kalten Herbstzeiten im Lustrum 1971/75.

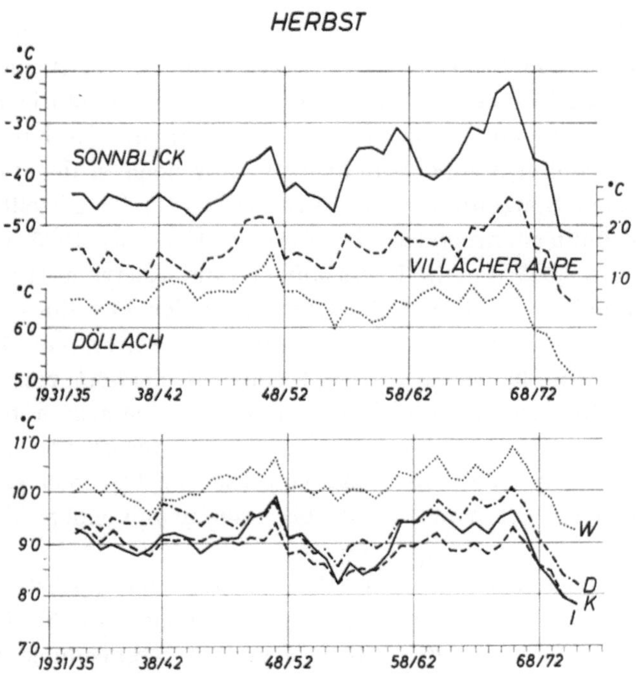

Abb. 5. Änderung der Herbsttemperatur nach übergreifenden 5jährigen Mittelwerten vom Lustrum 1931/35 bis zum Lustrum 1971/75. Stationen wie in Abb. 1.

Die langen Beobachtungsreihen von Wien und Kremsmünster ermöglichen auch, festzustellen, ob in früheren Jahren die Extremwerte der Lustren der Temperatur der Periode 1931 bis 1975 übertroffen worden sind.

Im Winter war in Wien das wärmste Lustrummittel in der ganzen 200jährigen Reihe das von 1971/75 mit 1,72°, das im Lustrum 1972/76 mit 1,84° sogar noch übertroffen worden ist. In der Zeit vor 1931 kamen in Wien Lustrummittel der Wintertemperatur über 1° C in einer Folge von Lustren 1912/16, 1915/19, 1916/20, 1917/21, 1918/22 und 1919/23 mit einem Spitzenwert von 1,44° (1916/20) vor. Es war dies die Zeit der bisher längsten Folge von übernormal warmen Wintern. Vorher ist das Lustrummittel der Wintertemperatur von 1° in Wien nur noch 1790/94 mit 1,10° übertroffen worden. In Kremsmünster betrug in der Periode 1931 bis 1975 das wärmste Lustrummittel im Winter 1948/52 0,0°, das 1972/76 mit 0,12° noch übertroffen worden ist. In früheren Zeiten sind Lustrummittel der Wintertemperatur über 0° auch in Kremsmünster in den bei Wien angeführten Lustren zwischen 1912/16 und 1919/23 mit einem Spitzenwert von + 0,57° (1916/20) vorgekommen. Ferner hat es in Kremsmünster 1865/69 noch ein Lustrummittel der Wintertemperatur von + 0,01° gegeben.

Das kälteste Lustrummittel der Wintertemperatur betrug in der Periode 1931 bis 1975 in Wien — 1,96° im Lustrum 1940/44. Ein gleicher Lustrummittelwert ist auch 1854/58 verzeichnet worden. Tiefere Lustrumtemperaturen gab es vor 1931 in Wien 1887/91 mit — 2,18°, 1838/42 mit — 2,54°, 1837/41 mit — 2,08° und in den Lustren von 1826/30 bis 1829/33 mit einem Spitzenwert von — 2,36° (1826/30). Dies war die Periode der kältesten Winter in der 200jährigen Beobachtungsreihe. In Kremsmünster betrug das seit 1931 tiefste Lustrummittel der Wintertemperatur 1939/43 — 3,24°. Tiefere Lustrummittelwerte der Wintertemperaturen gab es in Kremsmünster 1854/58 mit — 3,29°, 1829/33 mit — 3,45°, 1827/31 mit — 3,57° und 1799/1803 mit — 4,00°.

Das höchste Lustrummittel der Frühlingstemperatur betrug in der Periode 1931 bis 1975 in Wien 1945/49 11,00° und in Kremsmünster im gleichen Lustrum 10,06°. Vor 1931 wurde dieses Temperaturmittel in der ganzen 200jährigen Reihe von Wien nur im Lustrum 1819/23 mit 11,02° knapp überschritten. In Kremsmünster wurden Lustrummittel der Frühlingstemperatur über 10° nur noch in den Lustren von 1776/80 bis 1779/83 mit einem Spitzenwert von 10,73° (1777/81) festgestellt. Das kleinste Lustrummittel der Frühlingstemperatur der Periode 1931 bis 1975 wurde in Wien im Lustrum 1940/44 mit 8,54° und in Kremsmünster im Lustrum 1938/42 mit 7,62° verzeichnet. Vor 1931 gab es niedrigere Lustrummittel der Frühlingstemperatur in Wien in den Lustren von 1849/53 bis 1853/57 mit einem Tiefstwert von 7,98° (1849/53) und in den Lustren von 1835/39 bis 1839/43 mit einem Tiefstwert von 7,94° (1836/40). In Kremsmünster lagen die Lustrummittel der Frühlingstemperatur unter 7,6° von 1873/77 bis 1877/81 mit einem Tiefstwert von 6,97° (1875/79), ferner von 1849/53 bis 1857/61 mit einem Tiefstwert von 6,93° (1849/53), von 1833/37 bis 1839/43 mit einem Tiefstwert von 6,24° (1836/40) und von 1801/05 bis 1806/10 mit einem Tiefstwert von 6,55° (1804/08).

Im Sommer betrug in der Periode 1931 bis 1975 das höchste Lustrummittel der Temperatur in Wien 19,38° (1950/54) und in Kremsmünster 18,35° (1943/47), das tiefste Lustrummittel aber in Wien 18,06° (1940/44) und in Kremsmünster 16,97° (1954/58). Vor 1931 sind höhere Lustrummittel der Sommertemperatur in Wien in den Lustren 1873/77 mit 19,72°, 1855/59 mit 19,44°, von 1804/08 bis 1809/13 mit einem Spitzenwert von 20,66° (1807/11), von 1788/92 bis 1798/1902 mit einem Spitzenwert von 20,12° (1794/98) und von 1778/82 bis 1782/86 mit einem Spitzenwert von 20,18° und in Kremsmünster in den Lustren von 1806/10 bis 1810/14 mit einem Spitzenwert von 19,60° (1807/11), von 1771/75 bis 1789/93 mit einem Spitzenwert von 19,79° (1778/82) und 1768/72 mit 18,43° vorgekommen. Niedrigere Lustrummittel der Sommertemperatur gab es vor 1931 in Wien in den Lustren von 1909/13 bis 1924/28 mit einem Tiefstwert von 17,40° (1912/16), 1906/10 mit 17,92°, 1840/44 mit 17,94° und 1837/41 mit 17,98°, in Kremsmünster aber in den Lustren 1922/26 mit 16,81°, 1912/16 mit 16,67°, von 1878/82 bis 1882/86 mit einem Tiefstwert von 16,61° (1882/86), 1847/51 mit 16,89°, von 1831/35 bis 1841/45 mit einem Tiefstwert von 16,17° (1840/44), 1829/33 mit 16,70°, 1821/25 mit 16,77° und von 1812/16 bis 1815/19 mit einem Tiefstwert von 16,77° (1813/17).

Im Herbst betrug in der Periode von 1931 bis 1975 das höchste Lustrummittel der Temperatur in Wien 10,92° (1966/70) und in Kremsmünster 9,42° (1947/51) und das tiefste Lustrummittel in Wien 9,26° (1971/75) und in Kremsmünster 7,82° ebenfalls (1971/75). Das größte Lustrummittel der Herbsttemperatur von Wien ist auch in früheren Zeiten nie übertroffen worden. Lustrummittelwerte der Herbsttemperatur über 10° gab es aber vor 1931 in Wien in den Lustren 1926/30 mit 10,86°, 1820/24 und 1821/25 mit 10,56° und von 1797/1801 bis 1800/04 mit einem Spitzenwert von 10,84° (1798/1802). In Kremsmünster kamen Lustrummittelwerte der Herbsttemperatur über 9,4° vor dem Jahre 1931 in folgenden Lustren vor: von 1925/29 bis 1928/32 mit einem Spitzenwert von 9,87° (1926/30) und 1787/91 mit 9,58°. Tiefere Lustrummittel der Herbsttemperatur gab es vor 1931 in Wien in den Lustren von 1908/12 bis 1921/25 mit einem Tiefstwert von 8,40° (1918/22), von 1901/05 bis 1904/08 mit einem Tiefstwert von 9,00° (1901/05), 1887/91 mit 9,00°, von 1873/77 bis 1881/85 mit einem Tiefstwert von 8,84° (1875/79), 1856/60 mit 9,08°, von 1845/49 bis 1850/54 mit einem Tiefstwert von 8,66° (1847/51), von 1825/29 bis 1835/39 mit einem Tiefstwert von 8,64° (1827/31), 1812/16 und 1813/17 mit 8,96° und in Kremsmünster in den Lustren 1918/22 mit 7,76°, 1908/12 mit 7,73°, 1887/91 mit 7,60°, von 1873/77 bis 1875/79 mit einem Tiefstwert von 7,48° (1875/79), 1833/37 mit 7,67°, von 1812/16 bis 1816/20 mit einem Tiefstwert von 7,47° (1813/17) und von 1790/94 bis 1793/97 mit einem Tiefstwert von 6,93° (1791/95).

Der größte 5jährige Mittelwert der Jahresmittel der Temperatur betrug in der Periode 1931 bis 1975 in Wien 10,16° (1947/51) und in Kremsmünster 9,21° (1934/37); als kleinstes Lustrummittel wurde in dieser Periode in Wien 8,62° (1940/44) und in Kremsmünster 7,79° (1938/42) festgestellt. Vor 1931 gab es in Wien größere 5jährige Mittelwerte der Jahrestemperatur nur in den Lustren 1818/22 mit 10,18°, 1793/97 und 1794/98 mit 10,40° und in Kremsmünster auch nur in den Lustren 1787/91 mit 9,57°, 1777/81 und 1778/82 mit 9,47°. Kleinere 5jährige Mittelwerte der Jahrestemperatur kamen vor 1931 in Wien in den Lustren 1887/91 mit 8,60°, von 1837/41 bis 1839/43 mit 8,42°, 1828/32 und 1829/33 mit 8,58° vor, in Kremsmünster aber in den Lustren von 1885/89 bis 1889/93 mit einem Tiefstwert von 7,45° (1887/91), von 1873/77 bis 1875/79 mit einem Spitzenwert von 7,35° (1875/79), 1870/74 mit 7,77°, von 1847/51 bis 1858/62 mit einem Tiefstwert von 7,37° (1856/60), von 1833/37 bis 1841/45 mit einem Tiefstwert von 7,05° (1836/40), von 1826/30 bis 1829/33 mit einem Tiefstwert von 7,43° (1829/33), von 1812/16 bis 1814/18 mit einem Tiefstwert von 7,47° (1812/16), von 1801/05 bis 1805/09 mit einem Tiefstwert von 7,56° (1804/08) und von 1791/95 bis 1793/97 mit einem Tiefstwert von 7,26° (1792/96).

Diese Zusammenstellung der größten und kleinsten Lustrummittelwerte der Jahreszeiten- und Jahrestemperatur von Wien und Kremsmünster gibt eine Vorstellung von der zeitlichen Verteilung der Zeitabschnitte mit vorwiegend stark übernormalen oder unternormalen Temperaturen in den letzten 200 Jahren und vermittelt auch einen Einblick in die besonderen Temperaturverhältnisse der jüngsten Jahrzehnte im Vergleich mit früheren Zeiten.

Über diese Schwankungen der Temperatur in kürzeren Zeitabschnitten hinaus geben Folgen der 30jährig übergreifend gemittelten Werte Aufschluß über langzeitige Tendenzen der Temperaturänderungen und damit der Klimaschwankungen. Aus einer Darstellung der Reihe der 30jährig übergreifend gemittelten Jahrestemperaturen der 200jährigen Beobachtungsreihen von Wien und Kremsmünster, über die an anderer Stelle noch ausführlicher berichtet werden soll, ersieht man, daß zu Beginn dieser langen Reihen die 30jährigen Mittelwerte am größten waren und diese hohen Werte auch in jüngster Zeit wieder nahezu erreicht worden sind, während dazwischen ein Minimum etwas vor der Mitte des vorigen Jahrhunderts gelegen ist. Die Extremwerte der 30jährigen Mittelwerte der Jahrestemperatur betrugen in Wien: erstes Maximum 9,82° im Zeitabschnitt 1782/1811, Minimum 8,87° im Zeitabschnitt 1829/58 und zweites Maximum 9,75° im Zeitabschnitt 1946/75. In Kremsmünster betrugen die Extreme der 30jährigen Mittelwerte der Jahrestemperatur: erstes Maximum 8,62° im Zeitabschnitt 1772/1801,

Minimum 7,58° im Zeitabschnitt 1829/58 und zweites Maximum 8,60° im Zeitabschnitt 1924/53. Über langfristige Zeitabschnitte betrachtet entsprechen die Temperaturverhältnisse des jüngsten halben Jahrhunderts einer Wärmeperiode, die in ihrem Ausmaß den Temperaturverhältnissen im ersten halben Jahrhundert unserer mehr als 200jährigen Beobachtungsreihen nahekommt, während die Jahrzehnte um die Mitte des 18. Jahrhunderts merklich niedrigere Temperaturen aufwiesen.

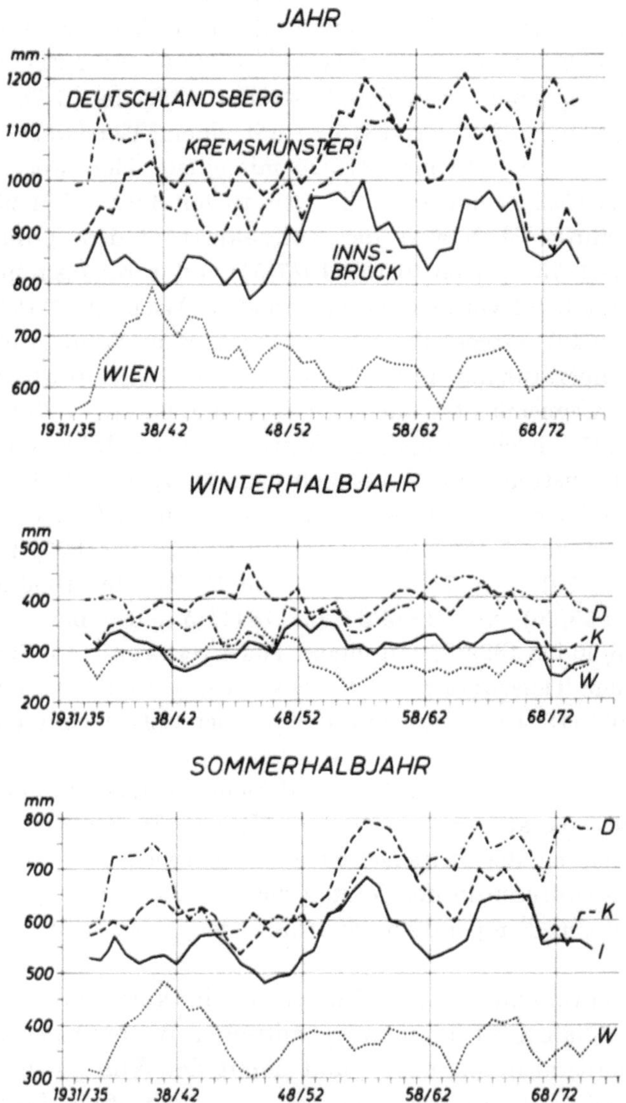

Abb. 6. Änderung der Jahressummen des Niederschlages und der Niederschlagssummen des Winterhalbjahres und des Sommerhalbjahres in Wien-Hohe Warte, Kremsmünster, Innsbruck und Deutschlandsberg nach übergreifenden 5jährigen Mittelwerten vom Lustrum 1931/35 bis zum Lustrum 1971/75.

2. Die Änderungen der Niederschlagsmengen

Die säkularen Änderungen der Niederschlagsmengen in Österreich wurden in einer früheren Arbeit [5] in der Form bearbeitet, daß von 77 Beobachtungsstationen mit langen Beobachtungsreihen je 3 bis 7 Stationen für ein Teilgebiet zusammengefaßt, die Gebietsmittelwerte der so gewonnenen 18 Teilgebiete von Österreich für jedes Jahr vom

Beginn der Beobachtungsreihen, die zum Teil bis 1852 zurückreichen, bis 1962 für die Jahresmengen und für die Jahreszeitenmengen des Niederschlags in Tabellen wiedergegeben und die Beobachtungsreihen nach 5jährig übergreifenden Mittelwerten für die einzelnen Teilgebiete und in Zusammenfassung mehrerer Teilgebiete für den Westen, für den Nordosten und für den Süden Österreichs getrennt graphisch dargestellt worden sind.

Um einen Einblick in die Änderungen der Niederschlagsverhältnisse in neuerer Zeit zu gewinnen, werden hier für die gleiche Auswahl von Stationen wie für die Temperaturverhältnisse in Tab. II für jedes Jahr die Jahressummen und die Halbjahres-

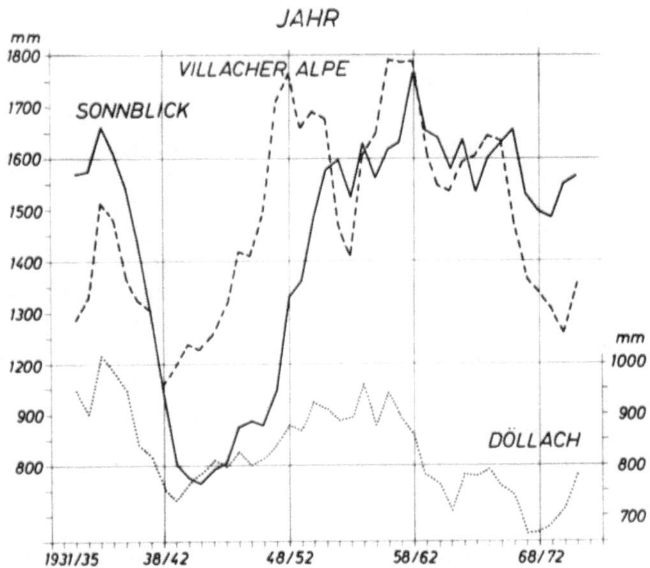

Abb. 7. Änderung der Jahressummen des Niederschlages in Döllach, auf der Villacher Alpe und auf dem Sonnblick (nach Ombrometermessungen) nach übergreifenden 5jährigen Mittelwerten vom Lustrum 1931/35 bis zum Lustrum 1971/75.

summen für das Sommerhalbjahr (April bis September) und für das Winterhalbjahr (Oktober bis März) von 1931 bis 1975 zusammengestellt und der Verlauf der Niederschlagsänderungen in diesem Zeitabschnitt nach 5jährig übergreifenden Mittelwerten in Abb. 6 und 7 graphisch veranschaulicht. Da die Niederschlagsmessungen mit Ombrometern im Hochgebirge zufolge des Windeinflusses und lokaler Einflüsse großen Fehlermöglichkeiten ausgesetzt sind, werden zur Ergänzung in Tab. III auch die Jahressummen der mit monatlich abgelesenen Totalisatorwerten bestimmten Niederschlagsmengen von 1931 bis 1975 für 4 Totalisatoren in Höhenlagen zwischen 2558 und 3076 m im Sonnblickgebiet wiedergegeben und ihre Änderungen im Laufe der Zeit ebenfalls nach 5jährig übergreifenden Mittelwerten in Abb. 8 veranschaulicht.

Von einzelnen Stationen gibt es auch Untersuchungen der langjährigen Niederschlagsänderungen, die noch weiter zurückreichen. Für Wien sind die Änderungen der Jahressummen und der Jahreszeitensummen des Niederschlages nach 5jährig übergreifenden Mittelwerten für die Zeit von 1851 bis 1954 in [4] und für die Zeit von 1851 bis 1960 nach 5jährig und nach 30jährig übergreifenden Mittelwerten auch in [3] dargestellt und besprochen.

Wie den in Tab. II wiedergegebenen Zahlenreihen der Jahressummen, der Winterhalbjahressummen und der Sommerhalbjahressummen des Niederschlags an den einzelnen Meßstellen zu entnehmen ist, ändern sich diese Summen von Jahr zu Jahr oft beträchtlich und auch unregelmäßig. Die in der Zeit von 1931 bis 1975 aufgetretenen Extremwerte dieser Niederschlagssummen sind mit Angabe des Jahres bzw. des Sommer- und des Winterhalbjahres, in denen sie an den in Betracht bezogenen Stationen vorgekom-

Tabelle 3. Mittel- und Extremwerte der Jahressummen und der Winterhalbjahres- und Sommerhalbjahressummen der Niederschlagsmengen (mm) von 1931 bis 1975

	Jahressummen				Winterhalbjahr				Sommerhalbjahr			
	Mittel	Max.	Min.	Max./Min.	Mittel	Max.	Min.	Max./Min.	Mittel	Max.	Min.	Max./Min.
Wien-Hohe Warte,	647	988	404	2,4	280	486	125	3,7	372	643	218	2,9
203 m		(1941)	(1932)			(1944/45)	(1953/54)			(1965)	(1947)	
Kremsmünster,	1012	1343	729	1,8	377	627	197	3,2	638	906	375	2,4
382 m		(1966)	(1971)			(1947/48)	(1971/72)			(1954)	(1947)	
Innsbruck, 582 m	874	1256	634	2,0	305	517	149	3,5	568	856	359	2,4
		(1966)	(1838)			(1950/51)	(1971/72)			(1966)	(1947)	
Deutschlandsberg,	1061	1608	682	2,4	380	615	175	3,5	683	1129	380	3,0
410 m		(1972)	(1945)			(1950/51)	(1945/46)			(1972)	(1932)	
Döllach, 1025 m	830	1229	498	2,5	296	692	125	5,5	522	716	322	2,2
		(1935)	(1969)			(1950/51)	(1943/44)			(1954)	(1964)	
Villacher Alpe,	1464	2273	882	2,6	631	1717	144	7,0	830	1355	497	2,7
2159 m		(1960)	(1932)			(1950/51)	(1941/42)			(1965)	(1971)	
Sonnblick (Ombrometer), 3106 m	1448	2100	773	2,7	652	1102	251	4,4	795	1327	417	3,2
		(1962)	(1942)			(1974/75)	(1941/42)			(1962)	(1947)	

men sind, in Tab. 3 zusammengestellt. Daraus ist ersichtlich, daß an den einzelnen Stationen die größten Jahressummen 1,8 bis 2,7mal so groß waren wie die kleinsten Jahressummen. Im Winterhalbjahr waren die größten Niederschlagssummen 3,2 bis 7,0mal so groß wie die kleinsten Niederschlagssummen, und im Sommerhalbjahr waren die größten Summen 2,2 bis 3,2mal so groß wie die kleinsten Niederschlagssummen. Die Schwankungsweite der Niederschlagssummen des Winterhalbjahres ist demnach im allgemeinen wesentlich größer als die des Sommerhalbjahres.

Die geschlossenen Reihen von Niederschlagsbeobachtungen reichen in Wien bis 1851 und in Kremsmünster bis 1821 zurück. Daraus kann festgestellt werden, daß in Wien vor 1931 weder die größte Jahresniederschlagsmenge der Periode 1931 bis 1975 überschritten noch die kleinste Jahresniederschlagsmenge dieser Periode unterschritten worden ist. Auch in Kremsmünster ist die kleinste Jahresniederschlagsmenge der Periode 1931 bis 1975 in der Zeit von 1851 bis 1930 nicht unterschritten worden; dagegen gab es aber in dieser Periode im Jahre 1897 mit einer Jahresmenge von 1344 mm und 1868 mit 1429 mm größere Jahresniederschlagssummen als in der Zeit von 1931 bis 1975. Kleinere Niederschlagsmengen als im Jahre 1971, auf das die kleinste Jahresmenge der Periode 1931 bis 1975 fällt, sind in Kremsmünster nur vor 1851 in den Jahren 1834, 1832, 1831, 1825 und 1822 verzeichnet. Als kleinste Jahresmenge ist ein Betrag von 585 mm im Jahre 1822 angeführt.

In der Tab. 3 sind auch die Mittelwerte der Periode 1931 bis 1975 für die Jahressummen und für die Winter- und Sommerhalbjahressummen des Niederschlags an den einzelnen Stationen angegeben. Darunter fällt besonders die geringe Jahresniederschlagsmenge von nur 1448 mm auf dem Sonnblickgipfel auf, die sicherlich nicht den wirklichen Verhältnissen entspricht und nur auf die fehlerhaften Ombrometermessungen im Hochgebirge zurückzuführen ist. Diese Fehler sind bereits in einer früheren Untersuchung durch den Vergleich von Ergebnissen von Messungen mit zwei Ombrometern und mit einem Totalisator auf dem Sonnblickgipfel klargelegt worden [11].

Durch weitere Messungen mit Totalisatoren, mit denen im Sonnblickgebiet in verschiedenen Höhenlagen und Expositionen auch bereits 45jährige Beobachtungsreihen gewonnen worden sind, konnten nun die den wahren Niederschlagsmengen nahekommenden Werte gesichert werden. Aus den in der Periode von 1931 bis 1975 mit den 4 Totalisatoren gemessenen und in Tab. III zusammengestellten Jahressummen der Niederschlagsmengen sind die in Tab. 4 wiedergegebenen 45jährigen Mittelwerte berechnet

Tabelle 4. Mittelwerte und Extremwerte der mit Totalisatoren in der Zeit von 1931 bis 1975 im Sonnblickgebiet gemessenen Jahressummen des Niederschlags (mm)

	Mittelwert	Maximum	(Jahr)	Minimum	(Jahr)	Max./Min.
Sonnblick, 3076 m	2593	3616	(1966)	1872	(1971)	1,9
Rojacherhütte, 2580 m	2430	3293	(1960)	1518	(1969)	2,2
Oberes Fleißkees, 2808 m	1918	2684	(1944)	1260	(1950)	2,1
Unteres Fleißkees, 2558 m	1670	2446	(1948)	1020	(1971)	2,4

und die in dieser Periode vorgekommenen Extremwerte der Jahressummen des Niederschlags mit Angabe der Jahre, in denen diese beobachtet worden sind, angegeben worden. Zur Beurteilung der Unterschiede der Mittelwerte dieser 4 Totalisatoren muß darauf hingewiesen werden, daß der Totalisator unterhalb der Rojacherhütte nördlich vom Hauptkamm der Hohen Tauern liegt, die Totalisatoren am Oberen und am Unteren Fleißkees aber südlich vom Hauptkamm der Hohen Tauern liegen. Da die niederschlagbringenden Winde vorwiegend aber aus nördlichen Richtungen kommen, ist der Totalisator bei der Rojacherhütte stark der Stauwirkung ausgesetzt, während die Totalisatoren auf dem Fleißkees vorwiegend im Lee der niederschlagbringenden Winde liegen, der Totalisator am Sonnblickgipfel sich aber im Staubereich von niederschlagbringenden Winden aus allen Richtungen befindet. Es ist daher erklärlich, daß die Jahresniederschlagsmengen bei der Rojacherhütte wesentlich größer sind als die Jahresniederschlagsmengen bei dem in nahezu gleicher Höhe gelegenen Totalisator am unteren Fleißkees.

Auch die mit den Totalisatoren gemessenen Jahresmengen des Niederschlags unterscheiden sich von Jahr zu Jahr und in unregelmäßigen Folgen beträchtlich. An den einzelnen Meßstellen war in den 45jährigen Reihen die größte Jahresmenge 1,9 bis 2,4mal so groß wie die kleinste Jahresmenge.

In dem Verlauf der nach 5jährig übergreifend gemittelten Werten geglätteten Kurven der Jahressummen und der Winter- und Sommerhalbjahresmengen des Niederschlags zeigen sich größere Unterschiede zwischen den einzelnen Meßstellen als im Verlaufe der geglätteten Kurven der Temperaturreihen, was verständlich ist, da die Niederschlagstätigkeiten stärker von lokalen oder regionalen Einflüssen abhängig sind und auch zu verschiedenen Zeiten wetterlagenbedingt große regionale Unterschiede in der Niederschlagsergiebigkeit auftreten können (Abb. 6 und 7).

Im Winterhalbjahr, in dem im allgemeinen die Niederschlagsmengen kleiner sind als im Sommerhalbjahr, sind auch die Schwankungen in den Kurven der 5jährig übergreifend gemittelten Niederschlagsmengen an den Stationen der Niederung verhältnismäßig gering, zeigen aber in der Form der Kurven doch Unterschiede zwischen den verschiedenen Stationen. Die Lustrummittel der Niederschlagsmengen der Winterhalbjahre schwanken in der Periode von 1931 bis 1975 in Wien zwischen 374 mm (1944/48) und 226 mm (1952/56), in Kremsmünster zwischen 471 mm (1944/48) und 292 mm (1969/73), in Innsbruck zwischen 359 mm (1948/52) und 244 mm (1969/73), in Deutschlandsberg zwischen 443 mm (1959/63) und 292 mm (1946/50), in Döllach zwischen 415 mm (1933/37) und 189 mm (1942/46), auf der Villacher Alpe zwischen 888 mm (1947/51) und 403 mm (1941/45) und auf dem Sonnblick nach Ombrometermessungen zwischen 786 mm (1935/39) und 386 mm (1941/45).

Im Sommerhalbjahr weisen die 5jährigen Mittelwerte im allgemeinen größere Schwankungen auf, und zwar in Wien zwischen 484 mm (1937/41) und 304 mm (1960/64), in Kremsmünster zwischen 793 mm (1953/57) und 537 mm (1943/47), in Innsbruck zwischen 686 mm (1953/57) und 482 mm (1945/49), in Deutschlandsberg zwischen 799 mm (1969/73) und 569 mm (1949/53), in Döllach zwischen 624 mm (1954/58) und 433 mm (1960/64 und 1967/71), auf der Villacher Alpe zwischen 1032 mm (1956/60) und 715 mm (1967/71) und auf dem Sonnblick nach Ombrometermessungen zwischen 1010 mm (1958/62) und 521 mm (1947/51).

Im Verlaufe der 5jährig geglätteten Reihe der Jahressummen des Niederschlags sind die Schwankungen relativ stärker ausgeglichen, aber auch in den Jahressummen sind die Eintrittszeiten und Größen der relativen Extremwerte in der Periode 1931 bis 1975 bei den verschiedenen Stationen unterschiedlich. In Wien erfolgte vom Minimum von 556 mm im Lustrum 1931/35 eine rasche Zunahme auf 788 mm im Lustrum 1937/41 und hernach unter geringfügigen Schwankungen eine allmähliche Abnahme bis in die Gegenwart, wobei ein Tiefstwert von 558 mm im Lustrum 1960/64 verzeichnet wird. In Kremsmünster erfolgte auch ein Anstieg am Beginn der Reihe von 886 mm (1931/35) auf 1038 mm (1937/41) und hernach unter geringfügigen Schwankungen wenig Änderungen bis zum Lustrum 1949/53 und dann ein Anstieg zu einem Maximum von 1200 mm im Lustrum 1954/58, dem eine Abnahme auf 998 mm im Lustrum 1959/63 und nach einem relativen Maximum von 1126 mm (1962/66) eine weitere Abnahme zum kleinsten 5jährigen Mittel von 865 mm im Lustrum 1969/73 folgte. In Innsbruck ist der Verlauf der Kurve am Beginn der Reihe wesentlich anders als in Kremsmünster. Von einem Maximum von 908 mm im Lustrum 1933/37 aus erfolgte eine Abnahme bis zum kleinsten Minimum von 772 mm im Lustrum 1945/49; von da an ähnelt der Kurvenverlauf wieder dem von Kremsmünster mit einem Maximum von 1001 mm (1954/58), einem Minimum von 823 mm (1959/63), einem weiteren Maximum von 964 mm (1966/70) und schließlich einem Minimum von 850 mm (1968/72). Auch in Deutschlandsberg findet man am Beginn der Reihe ein Maximum von 1144 mm im Lustrum 1933/37, von dem aus eine Abnahme bis zu einem Minimum von 883 mm im Lustrum 1942/46 sich erstreckt, worauf die 5jährig übergreifenden Mittelwerte wieder bis zu einem Maximum von 1220 mm im Lustrum 1962/66 zunahmen. Nach einer Abnahme auf 1045 mm im Lustrum 1967/71 folgte wieder eine Zunahme auf 1200 mm im Lustrum 1969/73. In Döllach fällt das Maximum von 1012 mm auf das Lustrum 1933/37, darauf nahmen die Lustrummittel stark ab bis zu einem Minimum von 731 mm (1939/43), es folgte eine Zunahme auf 959 mm (1954/58) und darauf wieder eine Abnahme auf das Hauptminimum von 662 mm (1967/71). Ähnlich, aber mit stärkeren Schwankungen verlaufen auch die Änderungen der Lustrummittel der Jahresniederschlagsmengen auf der Villacher Alpe und auf dem Sonnblick. Die relativen Extreme ändern sich auf der Villacher Alpe von einem Maximum von 1531 mm (1933/37) zum Minimum von 1150 mm (1938/42), weiter zum Maximum von 1769 mm (1948/52), nach einem Minimum von 1413 mm (1953/57) zum Hauptmaximum von 1793 mm (1956/60) und dann zum Minimum von 1254 mm (1970/74). Auf dem Sonnblick nahmen nach Ombrometermessungen die 5jährig gemittelten Jahressummen des Niederschlags von einem Maximum von 1574 mm (1932/36) zu einem Hauptminimum von 954 mm (1941/45) ab und dann zum Hauptmaximum von 1769 mm (1958/62) zu und darauf zu einem relativen Minimum von 1484 mm (1969/73) wieder ab.

Den wirklichen Niederschlagsverhältnissen entsprechen, wie bereits erwähnt, mehr als die Ombrometermessungen im Hochgebirge die Messungen mit Totalisatoren. Nach 5jährig übergreifenden Mittelwerten der Jahressummen ist der Verlauf der Änderungen

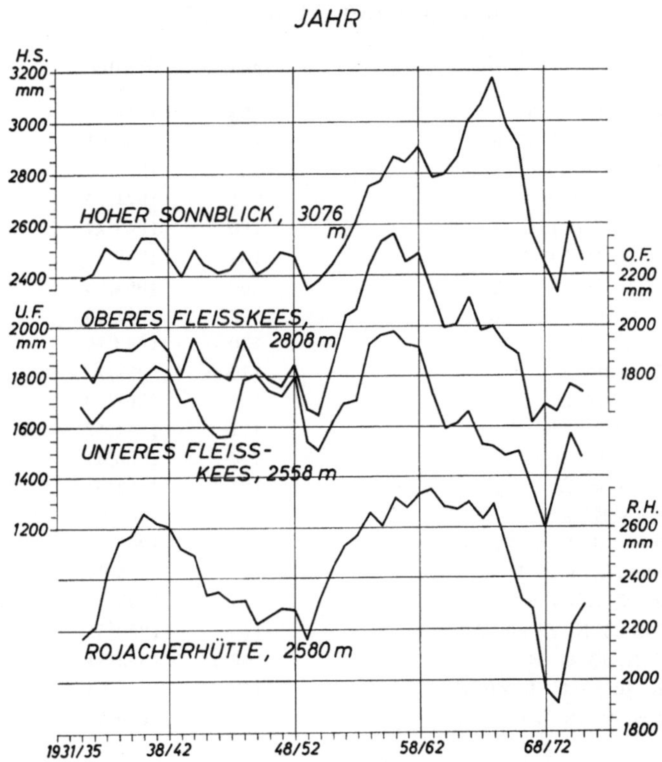

Abb. 8. Änderung der mit Totalisatoren gemessenen Jahressummen des Niederschlages in verschiedenen Höhenlagen im Sonnblickgebiet nach übergreifenden 5jährigen Mittelwerten vom Lustrum 1931/35 bis zum Lustrum 1971/75.

der Jahresniederschlagsmengen gemessen mit Totalisatoren in Abb. 8 dargestellt. Daraus ist ersichtlich, daß an allen 4 Totalisatormeßstellen die Änderungen der Niederschlagsmengen in der in Betracht gezogenen Periode einen ähnlichen Verlauf zeigen, allerdings mit charakteristischen Unterschieden. Nach einer Zunahme am Beginn der Beobachtungsreihe, die mit zunehmender Höhenlage immer mehr zurücktritt, folgte eine Abnahme, die ebenfalls mit zunehmender Höhenlage kleiner wird. Die Lustrummittel weisen in dieser Periode folgende Extreme auf: bei der Rojacherhütte 2175 mm (1931/35), 2661 mm (1936/40), 2159 mm (1949/53); am Unteren Fleißkees 1626 mm (1932/36), 1846 mm (1837/41), 1504 mm (1950/54); am Oberen Fleißkees 1848 mm (1931/35), 1964 mm (1937/41), 1648 mm (1950/54); am Sonnblickgipfel 2387 mm (1931/35), 2551 mm (1936/40), 2349 mm (1949/53). Hierauf erfolgte eine starke Zunahme der Lustrummittel des Jahresniederschlags bei der Rojacherhütte auf 2739 mm (1959/63), am Unteren Fleißkees auf 1975 mm (1956/60), am Oberen Fleißkees auf 2355 mm (1956/60) und auf dem Sonnblick auf 2899 mm (1958/62). Diese niederschlagsreiche Periode ist von einer starken Abnahme der Lustren der Jahresniederschlagsmengen auf 1918 mm (1969/73) bei der Rojacherhütte, auf 1099 mm (1968/72) am Unteren Fleißkees und auf 1622 mm (1967/71) am Oberen Fleißkees gefolgt; nur am Sonnblick ist nach einer kleinen Abnahme eine weitere Zunahme der 5jährigen Mittelwerte der Jahresniederschlagsmenge zu einem Maximum von 3196 mm (1964/68) erfolgt, worauf erst die Abnahme auf 2324 mm im Lustrum 1969/73 folgte.

Tabelle 5. Extremwerte der Zahl der Tage mit Schneedecke in den Wintern 1930/31 bis 1974/75

Station	Max.	Winter	Min.	Winter
Langen, 1270 m, 47°08′ N, 10°07′ E	222	1974/75	127	1971/72
Längenfeld, 1180 m, 47°04′ N, 10°58′ E	160	1950/51	47	1958/59
Innsbruck, 578 m, 47°16′ N, 11°24′ E	135	1952/53	31	1958/59
Schmittenhöhe, 1964 m, 47°20′ N, 12°44′ E	261	1974/75	146	1966/67
Rauris, 945 m, 47°13′ N, 13°00′ E	160	1943/44	52	1958/59
Salzburg, 433 m, 47°48′ N, 13°00′ E	124	1962/63	25	1973/74
Feuerkogel, 1592 m, 47°49′ N, 13°44′ E	250	1964/65	120	1953/54
Kremsmünster, 382 m, 48°03′ N, 14°08′ E	109	1962/63	17	1974/75
Freistadt, 548 m, 48°31′ N, 14°30′ E	130	1943/44	33	1971/72
Lunz, 612 m, 47°51′ N, 15°04′ E	176	1972/73	65	1947/48
Wien, 202 m, 48°15′ N, 16°22′ E	105	1969/70	5	1974/75
Mariensee, 780 m, 47°32′ N, 15°59′ E	177	1941/42	17	1958/59
Eisenerz, 737 m, 47°33′ N, 14°53′ E	142	1966/67	15	1971/72
Weiz, 480 m, 47°13′ N, 15°38′ E	121	1962/63	8	1974/75
Graz, 367 m, 47°05′ N, 15°27′ E	115	1962/63	7	1958/59
Deutschlandsberg, 410 m, 46°50′ N, 15°13′ E	125	1962/63[1]	10	1958/59[2]
Neumarkt, 878 m, 47°05′ N, 14°25′ E	131	1962/63	25	1958/59
Döllach, 1025 m, 46°58′ N, 12°54′ E	159	1950/51	31	1942/43
Heiligenblut, 1257 m, 47°03′ N, 12°50′ E	176	1950/51	62	1963/64
Bleiberg, 904 m, 46°37′ N, 13°41′ E	169	1933/34	60	1958/59
Villacher Alpe, 2140 m, 46°36′ N, 13°40′ E	240	1964/65	158	1939/40
Luggau, 587 m, 46°42′ N, 12°42′ E	191	1950/51	67	1948/49

[1] Auch 1931/32.
[2] Auch 1974/75.

Die längeren Reihen von Niederschlagsbeobachtungen in Wien und in Kremsmünster geben auch die Möglichkeit, festzustellen, ob und wann die Extremwerte der Lustrummittel der Periode 1931 bis 1975 in früheren Zeiten übertroffen worden sind. In Wien ist das größte Lustrummittel der Jahresniederschlagsmengen von 788 mm dieser Periode in früheren Jahren nie überschritten worden, das kleinste Lustrummittel von 556 mm aber in den Lustren von 1852/56 bis 1857/61 mit einem Tiefstwert von 506 mm (1854/58) unterschritten worden. In Kremsmünster ist das größte Lustrummittel des neueren Zeitabschnittes von 1202 mm ebenfalls vor 1931 nicht übertroffen worden, das kleinste Lustrummittel von 865 mm aber in den Lustren von 1821/25 bis 1832/36 mit einem Tiefstwert von 766 mm (1830/34) unterschritten worden.

Damit ist ein Überblick über die Niederschlagsänderungen in Österreich in neuerer Zeit und zum Teil auch im Vergleich mit früheren Zeiten gegeben.

3. Die Änderungen der Schneedeckenverhältnisse

In einer früheren Arbeit [6] wurden zur Bearbeitung der Änderungen der Schneedeckenverhältnisse in Österreich von 48 Stationen mit ungefähr 70jährigen Beobachtungen für die einzelnen Winter von 1896/97 bis 1967/68 die Zahl der Tage mit Schneedecke und die Summe der Neuschneehöhen in Tabellen zusammengestellt und in Zusammenfassung einiger Stationen für 20 Teilgebiete nach 5jährig übergreifenden Mittelwerten die Änderungen dieser Charakteristiken der Schneedeckenverhältnisse in graphischen Darstellungen für die einzelnen Teilgebiete und in Zusammenfassung für die Groß-

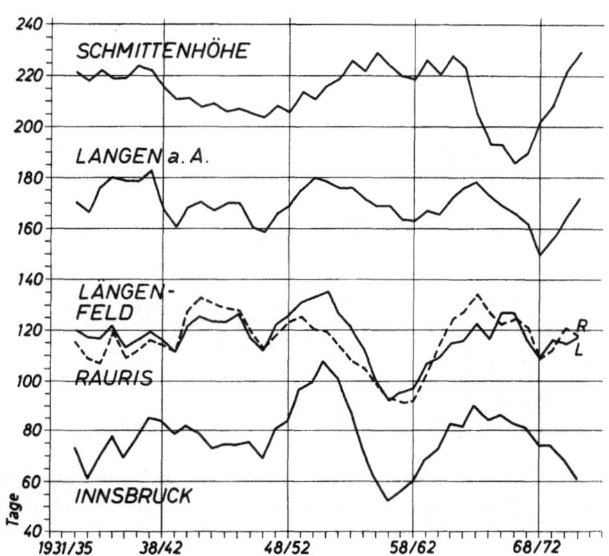

Abb. 9. Änderung der Zahl der Tage mit Schneedecke in Langen, Längenfeld, Innsbruck, auf der Schmittenhöhe und in Rauris nach 5jährigen übergreifenden Mittelwerten der Winter vom Lustrum 1931/35 bis zum Lustrum 1971/75.

räume West-Österreich, nördliches Alpenvorland, Nordosten Österreichs und Südalpengebiet veranschaulicht. Ferner wurde zur Charakterisierung der säkularen Änderungen der Schneedeckenverhältnisse in früheren Zeiten auch für jeden Winter die Zahl der Tage mit Schneefall in Kremsmünster, beginnend mit dem Winter 1763/64, und in Wien, beginnend mit dem Winter 1793/94 bis zum Winter 1967/68, in einer Tabelle mitgeteilt und ihre Änderung nach übergreifend 5jährigen Mittelwerten dargestellt.

Um einen Einblick in die Änderungen der Schneedeckenverhältnisse in neuerer Zeit zu gewinnen, wird hier für eine Auswahl von 22 Stationen mit lückenlosen Beobachtungen in der Zeit vom Winter 1930/31 bis zum Winter 1974/75 in Tabelle IV für jeden Winter die Zahl der Tage mit Schneedecke angegeben. Zum Teil handelt es sich dabei um neuere Beobachtungsstationen, die in der früheren Arbeit noch nicht verwendet worden sind; für die Orte Langen, Längenfeld, Innsbruck, Salzburg, Kremsmünster, Freistadt, Graz und Luggau stellen aber die Angaben in Tab. IV für die Zahl der Tage mit Schneedecke eine Fortsetzung der Tabelle in [6] dar.

Wie den Zahlenreihen der Tab. IV zu entnehmen ist, ändert sich auch die Zahl der Tage mit Schneedecke von Jahr zu Jahr sehr stark und auch recht unregelmäßig. Über die Schwankungsweite der Zahl der Tage mit Schneedecke geben die in Tab. 5 angeführten, in der Zeit vom Winter 1930/31 bis zum Winter 1974/75 an den einzelnen hier in Betracht gezogenen Beobachtungsstellen vorgekommenen größten und kleinsten Anzahlen von Tagen mit Schneedecke eines Winters mit Angabe der Winter, in denen diese Extremwerte beobachtet worden sind, Aufschluß. Je nach Lage und Schneereichtum der einzelnen Stationen schwankte in der Zeit seit dem Winter 1930/31 die Zahl der Tage mit Schneedecke an einzelnen Stationen um 92 bis 160 Tage.

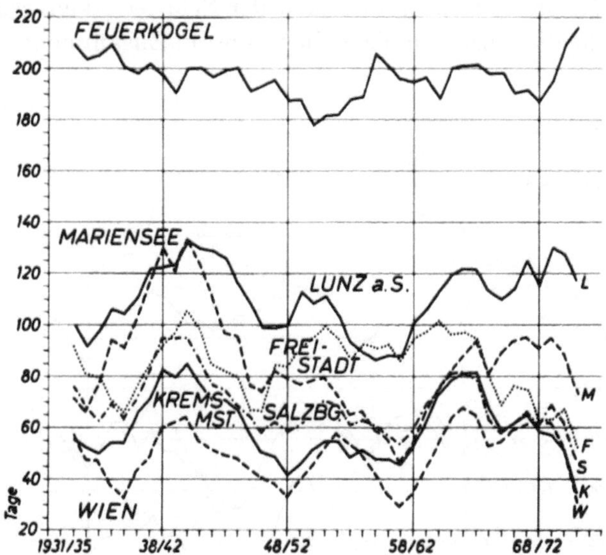

Abb. 10. Änderung der Zahl der Tage mit Schneedecke in Salzburg, auf dem Feuerkogel, in Freistadt, Kremsmünster, Lunz am See, Wien und Mariensee nach übergreifenden 5jährigen Mittelwerten vom Lustrum 1931/35 bis zum Lustrum 1971/75.

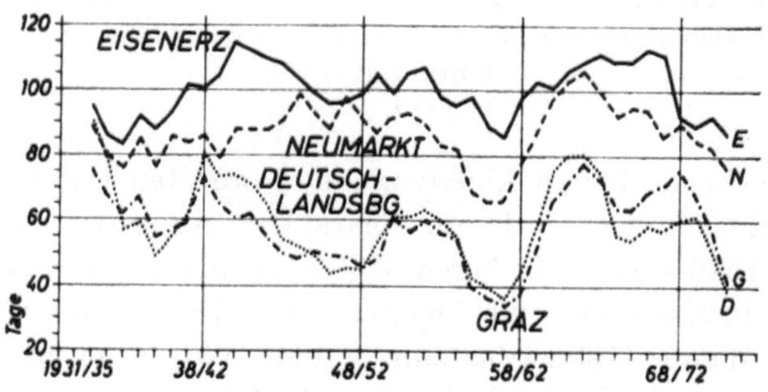

Abb. 11. Änderung der Zahl der Tage mit Schneedecke in Eisenerz, Neumarkt, Graz und Deutschlandsberg nach übergreifenden 5jährigen Mittelwerten der Winter vom Lustrum 1931/35 bis zum Lustrum 1971/75.

Die oben erwähnten Stationen, deren lange Beobachtungsreihen in [6] wiedergegeben sind, geben die Möglichkeit, zu prüfen, ob die in Tab. 5 enthaltenen Extremwerte in den früheren Wintern von 1896/97 bis 1929/30 übertroffen oder unterschritten worden sind. Daraus ergibt sich, daß die größte Zahl der Tage mit Schneedecke in einem der Winter von 1930/31 bis 1974/75 in früheren Zeiten in Langen, Innsbruck, Salzburg, Freistadt und Luggau nicht übertroffen worden ist, in Längenfeld aber mit 171 Tagen im Winter 1916/17, in Kremsmünster mit 113 Tagen im Winter 1923/24 und in Graz mit 123 Tagen im Winter 1908/09 überschritten worden ist. Die kleinste Zahl der Tage mit Schneedecke in einem der Winter von 1930/31 bis 1974/75 wurde in früheren Zeiten in Längenfeld, Innsbruck, Salzburg, Freistadt, Graz und Luggau nicht unterschritten, in Langen aber mit 109 Tagen im Winter 1926/27 und mit 122 Tagen im Winter 1929/30 und in Kremsmünster mit 13 Tagen im Winter 1926/27 unterboten.

Um eine bessere Einsicht in die Änderungen der Zahl der Tage mit Schneedecke im Laufe der Zeit zu erhalten, sind die Beobachtungsreihen wieder durch eine Darstellung mit 5jährig übergreifend gemittelten Werten geglättet worden. Diese geglätteten Reihen sind in den Abb. 9 bis 12 wiedergegeben. Daraus ersieht man, daß in den schneereichen hochgelegenen Stationen die Reihen mehr ausgeglichen erscheinen und oft anders verlaufen als in den Stationen der Niederung. Bei den einzelnen Stationen heben sich folgende Extreme der Zahl der Tage mit Schneedecke in den mit 5jährig übergreifend gemittelten Werten gezeichneten Kurven als Zeitabschnitte mit vorwiegend stärker übernormaler oder unternormaler Zahl von Schneedeckentagen hervor:

In Langen 183 Tage (1937/41), 159 Tage (1946/50), 180 Tage (1950/54), 163 Tage (1958/62), 178 Tage (1963/67), 149 Tage (1968/72).

In Längenfeld 111 Tage (1939/43), 135 Tage (1951/55), 92 Tage (1956/60), 127 Tage (1966/70), 109 Tage (1968/72).

In Innsbruck 61 Tage (1932/36), 108 Tage (1951/55), 52 Tage (1956/60), 86 Tage (1965/69), 61 Tage (1971/75).

Auf der Schmittenhöhe 224 Tage (1936/40), 204 Tage (1946/50), 229 Tage (1953/57), 186 Tage (1966/70), 230 Tage (1971/75).

In Rauris 107 Tage (1933/37), 133 Tage (1941/45), 91 Tage (1957/61), 134 Tage (1963/67), 108 Tage (1968/72).

In Salzburg 63 Tage (1933/37), 95 Tage (1939/43), 54 Tage (1957/61), 82 Tage (1962/66), 48 Tage (1971/75).

Auf dem Feuerkogel 209 Tage (1931/35), 177 Tage (1950/54), 206 Tage (1955/59), 187 Tage (1968/72), 216 Tage (1971/75).

In Kremsmünster 50 Tage (1933/37), 85 Tage (1940/44), 42 Tage (1948/52), 81 Tage (1963/67), 34 Tage (1971/75).

In Freistadt 66 Tage (1935/39), 105 Tage (1940/44), 67 Tage (1946/50), 102 Tage (1960/64), 53 Tage (1971/75).

In Lunz am See 91 Tage (1932/36), 133 Tage (1940/44), 87 Tage (1955/59), 130 Tage (1969/73).

In Wien (Hohe Warte) 33 Tage (1935/39), 64 Tage (1940/44), 33 Tage (1948/52), 58 Tage (1952/56), 29 Tage (1957/61), 68 Tage (1962/66), 32 Tage (1971/75).

In Mariensee 66 Tage (1932/36), 133 Tage (1940/44), 47 Tage (1957/61), 95 Tage (1967/71).

In Eisenerz 84 Tage (1933/37), 115 Tage (1940/44), 86 Tage (1957/61), 113 Tage (1966/70), 87 Tage (1971/75).

In Weiz 44 Tage (1935/39), 62 Tage (1938/42), 45 Tage (1948/52), 60 Tage (1952/56), 35 Tage (1957/61), 81 Tage (1962/66), 35 Tage (1971/75).

In Graz 75 Tage (1931/35), 55 Tage (1935/39), 74 Tage (1938/42), 46 Tage (1948/52), 60 Tage (1952/56), 35 Tage (1957/61), 78 Tage (1962/66), 41 Tage (1971/75).

In Deutschlandsberg 90 Tage (1931/35), 49 Tage (1935/39), 81 Tage (1938/42), 44 Tage (1946/50), 63 Tage (1952/56), 37 Tage (1957/61), 80 Tage (1962/66), 39 Tage (1971/75).

In Neumarkt 76 Tage (1933/37), 99 Tage (1944/48), 66 Tage (1957/61), 106 Tage (1962/66), 76 Tage (1971/75).

In Döllach 105 Tage (1934/38), 66 Tage (1942/46), 115 Tage (1947/51), 95 Tage (1955/59), 122 Tage (1967/71).

In Heiligenblut 151 Tage (1933/37), 112 Tage (1939/43), 140 Tage (1944/48), 105 Tage (1962/66), 131 Tage (1966/70), 111 Tage (1971/75).

In Bleiberg 143 Tage (1931/35), 98 Tage (1955/59), 140 Tage (1966/70), 116 Tage (1971/75).

Auf der Villacher Alpe 221 Tage (1933/37), 180 Tage (1940/44), 224 Tage (1954/58), 197 Tage (1968/72).

In Luggau 146 Tage (1933/37), 93 Tage (1952/56), 144 Tage (1962/66), 112 Tage (1971/75).

Zur Ergänzung der in [6] wiedergegebenen langen Reihen von Beobachtungen der Zahl der Tage mit Schneefall in Wien und in Kremsmünster sind hier noch die Beobachtungswerte aus der neueren Zeit angeführt:

Winter	1968/69	1969/70	1970/71	1971/72	1972/73	1973/74	1974/75
Wien	54	57	37	25	45	23	22 Tage
Kremsmünster	50	70	36	20	49	32	39 Tage

In Kremsmünster ist im Winter 1969/70 mit 70 Tagen die bisher seit dem Winter 1763/64 größte Zahl von Tagen mit Schneefall vorgekommen. In Wien gab es in den Wintern 1838/39 mit 63 Tagen, 1846/47 mit 60 Tagen und 1939/40 mit 58 Tagen mehr Tage mit Schneefall als im Winter 1969/70.

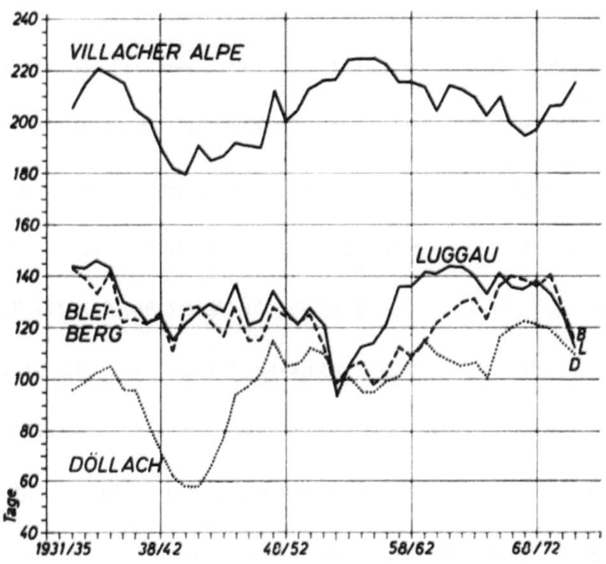

Abb. 12. Änderung der Zahl der Tage mit Schneedecke in Döllach, Bleiberg, auf der Villacher Alpe und in Luggau nach übergreifenden 5jährigen Mittelwerten vom Lustrum 1931/35 bis zum Lustrum 1971/75.

4. Die Änderungen der Sonnenscheindauer

Über die säkularen Änderungen der Sonnenscheindauer in Österreich wurde in den Jahresberichten des Sonnblickvereins für die Jahre 1953 bis 1955 [7] und für die Jahre 1970 bis 1971 [8] berichtet. Diesen Arbeiten sind Tabellen der Monats- und Jahressumme der Sonnenscheindauer für Wien-Hohe Warte (202 m) von 1881 bis 1972, für Klagenfurt (451 m) und für Kremsmünster (388 m) von 1884 bis 1972, für Innsbruck (582 m) von 1906 bis 1972, für den Sonnblick (3106 m) von 1887 bis 1972, für den Obir (2044 m) von 1884 bis 1943 und für die Villacher Alpe (2140 m) von 1933 bis 1973 beigegeben. Zur Fortsetzung dieser Tabellen sollen hier in Tab. 6 die Monats- und Jahressummen der Sonnenscheindauer in den Jahren 1973 bis 1975 für die gleichen Registrierstellen wiedergegeben werden.

Zur Vergleichsbewertung der Sonnenscheindauer in diesen 3 Jahren sei angeführt, daß an den in der Tab. 6 enthaltenen Stationen in dem seit Beginn der Beobachtungen sonnenscheinreichsten Jahre die Jahressumme der Sonnenscheinstunden in Wien-Hohe Warte 2251 Stunden im Jahre 1921, in Kremsmünster 2132 Stunden im Jahre 1921, in Innsbruck 2028 Stunden im Jahre 1921, in Klagenfurt 2280 Stunden im Jahre 1921, auf der Villacher Alpe 2274 Stunden im Jahre 1943 und auf dem Sonnblick 1982 Stunden im Jahre 1961 betragen hat. Als bisher kleinste Jahressumme der Sonnenscheinstunden wurden in Wien-Hohe Warte 1952 Stunden im Jahre 1925, in Kremsmünster 1310 Stunden im Jahre 1912, in Innsbruck 1342 Stunden im Jahre 1912, in Klagenfurt 1540 Stunden im Jahre 1889, auf der Villacher Alpe 1654 Stunden im Jahre 1960 und auf dem Sonnblick 1306 Stunden ebenfalls im Jahre 1960 verzeichnet.

Tabelle 6. Monats- und Jahressummen der Sonnenscheinstunden in Wien-Hohe Warte, Kremsmünster, Innsbruck, Klagenfurt, auf der Villacher Alpe und auf dem Sonnblick in den Jahren 1973 bis 1975

	Jan.	Feb.	März	April	Mai	Juni	Juli	Aug.	Sept.	Okt.	Nov.	Dez.	Jahr
a) Wien-Hohe Warte													
1973	42	58	127	132	267	177	221	290	181	159	116	61	1830
1974	34	66	136	197	174	179	199	233	147	89	71	61	1586
1975	76	133	97	152	213	188	235	208	210	108	45	50	1714
b) Kremsmünster													
1973	41	28	159	112	257	160	209	283	202	120	94	42	1709
1974	29	65	156	188	173	176	190	220	178	58	42	51	1526
1975	50	156	100	154	200	178	238	219	183	74	72	39	1673
c) Innsbruck (Universität)													
1973	83	108	160	147	222	186	166	238	189	155	102	78	1834
1974	90	108	149	174	169	170	235	251	197	86	87	65	1781
1975	95	167	114	162	192	144	237	200	199	167	93	107	1877
d) Klagenfurt													
1973	31	87	162	140	279	209	218	216	180	137	82	71	1812
1974	55	87	131	166	214	194	266	233	159	100	91	94	1790
1975	112	170	116	187	200	159	273	197	192	135	71	57	1869
e) Villacher Alpe													
1973	117	159	184	123	238	177	180	219	204	196	162	144	2103
1974	134	93	150	155	168	158	266	232	203	93	107	170	1919
1975	143	202	90	187	142	150	247	187	187	178	116	177	2006
f) Sonnblick													
1973	129	90	155	100	192	128	96	223	166	177	129	104	1697
1974	118	76	139	141	160	132	164	191	158	95	120	79	1544
1975	124	201	92	135	176	97	200	141	171	165	101	181	1736

Literatur

[1] Steinhauser, F.: Wie ändert sich unser Klima? Meteorol. Zs. **52**, 363—370 (1935).

[2] Steinhauser, F.: Die Meteorologie des Sonnblicks. Wien: Springer Verlag 1938.

[3] Steinhauser, F.: Sulle oscillationi climatiche in Europa. Geophisica e Meteorologia **VIII**, 111—122 (1960).

[4] Steinhauser, F.: Die säkularen Änderungen der klimatischen Elemente. In F. Steinhauser, O. Eckel und F. Sauberer: Klima und Bioklima von Wien. II. Teil, S. 5—47. Wien 1957.

[5] Steinhauser, F.: Die säkularen Änderungen der Niederschlagsmengen in Österreich. 58.—59. Jahresber. d. Sonnblick-Vereins f. d. Jahre 1960—1961. S. 5—33 und 5 Tabellen. Wien 1963.

[6] Steinhauser, F.: Die säkularen Änderungen der Schneedeckenverhältnisse in Österreich. 66.—67. Jahresber. d. Sonnblick-Vereins f. d. Jahre 1968—1969. S. 3—19. Wien 1970.

[7] Steinhauser, F.: Die säkularen Änderungen der Sonnenscheindauer in den Ostalpen. 51.—53. Jahresber. d. Sonnblick-Vereins f. d. Jahre 1953—1955. S. 3—27 und 7 Tabellen. Wien 1957.

[8] Steinhauser, F.: Die Änderungen der Sonnenscheindauer in Österreich in neuerer Zeit. 68.—69. Jahresber. d. Sonnblick-Vereins f. d. Jahre 1970—1971. S. 41—53, Wien 1973.

[9] Steinhauser, F.: Klimaschwankungen in Mitteleuropa. (Mit Bemerkungen über die Probleme der Erforschung der Klimaschwankungen.) Anzeiger der math.-naturwiss. Kl. d. Österr. Akad. d. Wiss. Jg. 1961, S. 81—94.

[10] Steinhauser, F.: Die 165jährige Wiener Temperaturreihe (1775—1939); Quellen und Reduktionsgrößen. Jahrbuch d. Zentralanstalt f. Meteorologie u. Geodynamik in Wien. Jg. 1938, III. Folge, I. Bd., Anhang S. 1—8. Wien 1940.

[11] Steinhauser, F.: Ergebnisse neuer Beobachtungen über die Niederschlagsverhältnisse im Sonnblickgebiet. XLI. Jahresber. d. Sonnblick-Vereins f. d. Jahr 1932. S. 18—31. Wien 1933.

Das Verhalten von Gletschern im Großglockner- und Sonnblickgebiet in den Eishaushaltsjahren 1973/74 und 1974/75 und mehrjährige Änderungen am Gefrorene Wandkees in den Zillertaler Alpen

Von Hanns Tollner, Salzburg

Mit 1 Abbildung

Zusammenfassung

In der Großglocknergruppe und auch im Sonnblickgebiet verlief das Eishaushaltsjahr 1973/74 im Gegensatz zum Jahr vorher nicht mehr eisabträglich. Die Pasterze zog sich zwar noch beträchtlich zurück, doch besteht kein Zweifel, daß auf Grund ihres Zustandes im Zungenteil und ganz besonders im Firngebiet ihr Gesamteiskörper innerhalb der letzten 12 Monate keine Substanzeinbuße erlitt. Kleinere Gletscher mit hoch gelegenen Zungenenden blieben in der Glocknergruppe stationär oder rückten bis zu 2,6 m vor. Im Sonnblickgebiet wichen Gletscher um 1,2 und 2,9 m zurück.

Auf den Firnfeldern vermochte sich eine mäßige „Jahresfirnrücklage" 1973/74 bis zum Ende der Ablationszeit zu erhalten. Durch diesen Umstand wurde ein positiver Jahresmassenhaushalt 1973/74 wesentlich begünstigt.

Der Niederschlag erreichte in der Zeit 1. Oktober 1973 bis 30. September 1974 nicht überall den langjährigen Durchschnitt. Stellenweise blieb er bis zu 10% unter der Regelmenge. Das Temperaturmittel (gebildet aus der gleichen Zeit) war in der Nivalregion um 1°, in 2000 m um 0,2 bis 0,3° übernormal. Da die Gletscher von 1973 auf 1974 keinen Massenverlust aufwiesen, sondern im Gegenteil etwas Substanz aufspeicherten, also keine „Gletscherspende" gewährten, blieb der Wasseranfall in hochalpine Speicheranlagen von Kraftwerken teilweise unter der langjährigen Zuflußmenge.

Die Gletscher der Glocknergruppe und des Rauriser Sonnblicks verzeichneten durchwegs ein zum Teil ansehnlich positives Eishaushaltsjahr 1974/75. Die kleinen Gletscher rückten, soweit sich dies feststellen ließ, geringfügig vor. (Vorstoß bis zu 4,2 m.) Leider hielt bei Gletschern mit hoch gelegenen Zungenenden eine Altschneebedeckung über ihren unteren Rand hinunterreichend noch im September an und verhinderte eine einwandfreie Feststellung ihrer Lage. Es besteht aber kein Zweifel, daß die Gletscher, deren Zungenrand nicht eingemessen werden konnte, wegen der Bewegung des Gletschereises und wegen der ausgebliebenen Vertikalablation im Zungenbereich von 1974 auf 1975 etwas vorrückten.

Auf den Firnfeldern verblieb eine beträchtliche Firnrücklage 1974/75, die den positiven Jahresmassenhaushalt maßgebend begünstigte. Ausschlaggebend aber für den gletschergünstigen Ablauf des Glazialjahres 1974/75 war der teilweise stark überdurchschnittlich feste Niederschlag einzelner Monate. Eine bemerkenswert starke Eiseinbuße erlitten die Gletscherflächen erst in der sehr warmen, niederschlagsarmen und strahlungsreichen zweiten Septemberhälfte 1975.

Nach einer ganzen Reihe von Jahren erzielten endlich wieder die hochalpinen Speicheranlagen zur Erzeugung elektrischer Energie einen überdurchschnittlichen Wasserzufluß.

1. Witterungsverhältnisse im Eishaushaltsjahr 1973/74

September 1973. Temperatur zwischen 1,3 und 1,9°, Sonnenscheindauer bis zu 8% übernormal. In der ersten Monatsdekade extrem warmes Wetter, das die Firn- und Eisflächen der Gletscher noch sehr stark angriff. Ab 17. bis zum Monatsende anhaltend Niederschläge starker Ergiebigkeit. Monatsmenge des Niederschlages zum Teil bis 100% überdurchschnittlich. Aufbau einer Neuschneedecke in 2500 m Seehöhe.

Oktober 1973. Temperatur in tiefen Lagen als Effekt starker nächtlicher Ausstrahlung bis zu 2,4° unternormal, in höheren Lagen bis zu 0,5° übernormal. Sonnenschein bis zu 9% überdurchschnittlich. Niederschlag bis zu 27% unter dem langjährigen Regelwert.

November 1973. Niederschlag 104 bis 189% der Normalmonatsmenge, Sonnenscheindauer ungefähr normal. Lufttemperatur geringfügig unternormal. In 3000 m maximale Schneemächtigkeit 180 cm.

Dezember 1973. Lufttemperatur und Niederschlag etwas unterdurchschnittlich. Größte Schneehöhe in 3000 m 280 cm.

Jänner 1974. Lufttemperatur bis zu 4,3° übernormal. Niederschlag unter dem Normalsoll (Defizit bis 38%). In 3000 m Erhöhung der Schneedecke bis auf 310 cm.

Februar 1974. Temperatur zwischen 2,3 und 4,3° überdurchschnittlich. Monatsniederschlag bis zu 60% unter dem Regelwert. Mächtigkeit der Schneedecke in 3000 m gleich wie im Vormonat.

März 1974. Unternormaler Monatsniederschlag (Defizit circa 50%). Temperatur zwischen 1,6 und 2,0° übernormal. Größte Höhe der Schneedecke in 3000 m 310 cm.

April 1974. Bis zu 0,7° zu kalt, 30 bis 49% unternormaler Niederschlag. Maximale Höhe der Schneedecke in 3000 m 410 cm.

Mai 1974. Niederschlag 81 bis 118% der Regelmenge. Temperatur 1,3 bis 1,6° unterdurchschnittlich. Mächtigkeit der Schneedecke in 3000 m zwischen 390 und 440 cm.

Juni 1974. In Tieflagen zwischen 2,2 und 3,8° zu kühl, in Hochlagen nur bis zu 1,7° unternormal. Sonnenscheindauer bis zu 20% unter dem langjährigen Durchschnitt. Niederschlag bis zu 274% der Normalmenge. Größte Höhe der Schneedecke in 3000 m 390 cm.

Juli 1974. Temperatur 1° unternormal. Bis zu 10% unterdurchschnittliche Sonnenscheindauer. Niederschlag bis zu 242% des langjährigen Durchschnittes. In 3000 m schneite es an 12 Tagen. In dieser Höhe Erniedrigung der Schneedecke auf 230 cm.

August 1974. Temperatur zwischen 1,3 und 2,1° und Sonnenscheindauer bis zu 13% übernormal. Durch gewittrigen Niederschlag bedingt 13 bis 59% übernormale Monatsmenge. In 3000 m Abnahme der Höhe der Schneedecke auf 180 cm. Einige Tage nach Monatsbeginn bis gegen den 20. anhaltende Hitzewelle in der Nivalregion. Am 17. Höchsttemperatur auf dem Sonnblick 11,7°. In 3100 m Schneefall an 4 Tagen.

September 1974. Temperatur in der Höhe 1° übernormal, in der Tiefe normal. Sonnenscheindauer etwas überdurchschnittlich. Niederschlag bis 35% über dem Normalsoll. In 3000 m Erniedrigung der Mächtigkeit der Schneedecke rasch auf 70 cm, um dann, das Ende der Ablationsperiode kennzeichnend, viele Tage gleich zu bleiben. Am 26. Beginn der neuen Akkumulationszeit. Am Monatsende 70 cm hohe Neuschneedecke über der 70 cm mächtigen Jahresfirnrücklage 1973/74.

2. Meßergebnisse

Die Untersuchungen begannen am 21. August und endeten am 23. September 1974. Da die Messungen nicht in völlig gleicher Zeit erfolgten, haften den einzelnen Meßwerten in bezug auf den Vergleich mit den Daten des Vorjahres gewisse Mängel an. Die geringste Massenänderung auf den vereisten Arealen des Hochgebirges findet im allgemeinen um die Septembermitte herum statt, doch können in dieser Zeit ungewöhnliche Witterungsabläufe mit Neuschneefall Messungen vor allem am Zungenende erschweren oder überhaupt verhindern. Eine einwandfreie Feststellung der „Jahresfirnrücklage" ist, wie das Beispiel der Fleißscharte, 3000 m, auf dem Sonnblick zeigt, erst unmittelbar vor dem Beginn der neuen winterlichen Akkumulationsperiode möglich. Im Jahr 1974 war dies am 26. September der Fall.

2.1 Schwarzköpflkees

Die Zunge verlagerte sich zwischen 14. August 1973 und 29. August 1974 im Mittel aus 4 Markenmessungen um 0,3 m nach vorne. Die einzelnen Meßdaten waren: — 1,0, — 0,3, 0,0, 0.0 und + 2,7 m. Im Bereich der mittleren Zungenfläche gab es eine mächtige Ablagerung von Lawinenschnee und gekalbtem Gletschereis. Sie reichte über das Zungenende hinaus und überdeckte die auf einem Gesteinsblock von 1,5 m Höhe angebrachte Vorlandsmarke B. In gleicher Lage gab es schon in früheren Jahren einige Male einen mächtigen Staukegel von gekalbtem Gletschereis und stark verfestigtem Lawinenschnee. Eine klare Firngrenze ließ sich wegen der fast bis zum Zungenende reichenden Altschneedecke nicht feststellen. Der Gletscher hatte von 1973 auf 1974 kaum an Substanz verloren.

2.2. Klockerinkees

Im untersten Zungenteil befand sich ebenso wie in den Vorjahren eine sehr stark verfestigte Auflage von gekalbtem Gletschereis und Lawinenschnee. Bei der Marke I reichte sie am 29. August 1974 um 3,0 m weiter hinunter als am 14. August 1973. Bei der Marke III 68 war der untere Rand des Eis- und Lawinenkegels gegenüber 1973 um 8,3 m zurückgewichen. Das eigentliche Zungenende des Gletschers (Zungeneis) ließ sich durch die Auflagerung von Eis und Lawinenschnee nicht feststellen. Die Firngrenze befand sich am 29. August 1974 unregelmäßig verlaufend in einer Seehöhe zwischen 2500 und 2600 m. Eine wesentliche Änderung der Massensubstanz im Ablauf des Eishaushaltsjahres 1973/74 dürfte nicht stattgefunden haben.

2.3. Grießkoglkees

Der Gletscher rückte von 1973 auf 1974 ebenso wie von 1971 auf 1972 und von 1972 auf 1973 geringfügig vor. Das Vorrücken zwischen 18. August 1973 auf 30. August 1974 betrug aus drei Vorlandsmarken mit den Werten 2,9, 2,5 und 2,3 m im Durchschnitt 2,6 m. Zwei weitere Vorlandsmarken befanden sich unter Altschnee. In Rinnen und Mulden zogen sich Altschneezungen ähnlich wie in früheren Jahren noch weit unter das Zungenende hinunter. Wegen der weit herabreichenden Altschneeauflage konnte die Firngrenze nicht einwandfrei erkannt werden. Das Grießkoglkees erzielte von 1973 auf 1974 ohne Zweifel einen Massengewinn.

2.4. Karlingerkees

1955 aperte beim untersten Steilabfall des Gletschers der felsige Untergrund aus und trennte den oberen Gletscherteil völlig vom tiefer befindlichen Eis des Zungenendes, das auf der fast ebenen Fläche des obersten Kapruner Talschlusses verblieb. Das ohne Verbindung mit oben stehende Resteis im Talschluß vermochte sich in der Folgezeit durch Eiskalbungen und durch Lawinenschnee nicht nur zähe zu erhalten, sondern sich sogar noch etwas zu vergrößern. Ab 1967 begann an der Westseite des oberen Gletscherendes etwas Eis herabzuziehen und sich in einer zunächst schmalen Eisrinne, die sich in der Folgezeit verbreiterte, wieder mit dem Resteis unten zu verbinden. Der Rest des alten Zungenendes nahm allmählich sich versteilend und nach vorne rückend durch vorwiegend gekalbtes Eis von oben her die Form einer steilen Kegelfläche an. 1973 wurde die Eisverbindung unterbrochen. Von 1973 auf 1974 hatte sich die Eisverbindung zwischen dem oberen Zungenende und dem Eisschild unten wieder in verhältnismäßig breiter Form neu gebildet. Von 1973 bis zum 29. August 1974 blieb der Eiskegelrand bei der Marke E 72 gleich. Bei den Marken II 68 wich er um 6,8 und bei C 66 um 6,3 m zurück.

Das Törlkees, das vom Karlingergletscher in die Wintergasse hinunter zieht, verbreiterte die zwei Eisverbindungen über die felsige Steilstufe. Die die Wintergasse begrenzenden Hänge erschienen am 29. August 1974 nicht völlig schneefrei. Der obere Teil der Wintergasse und das Kapruner Törl besaßen eine geschlossene Schneedecke.

2.5. Pasterze

Der Pasterzengletscher zog sich nach Messungen von H. Wakonig, Graz, von 1973 auf 1974 im Mittel um 12 m zurück. Die Höhe der Oberfläche des Zungengebietes blieb von 1973 auf 1974 gleich.

Der oberste Pasterzenboden, das Nährgebiet des Gletschers, besaß am 9. September 1974 in einer Seehöhe von 3085 m eine Jahresfirnrücklage von mehr als 400 cm Mächtigkeit. Die Jahresfirnrücklage 1973/74 besaß eine mittlere Dichte von 0,49. Es fanden sich darin 6 glasige Eislamellen vor.

Die Massenbilanz des Gesamtkörpers der Pasterze war im Eishaushaltsjahr 1973/74 positiv. Der Gletscher gab keine ,,Gletscherspende“ ab. Er hielt eine übernormale Menge des gefallenen festen Niederschlages im Firngebiet zurück. Der Wasserabfluß aus der Pasterze blieb aus diesem Grunde auch um 15,7% unter dem langjährigen Durchschnitt.

Tabelle 1. Höhenänderungen im Firnbereich des obersten Pasterzenbodens

Punkt	Koordinaten System Gauß-Krüger bezüglich M 310		Höhe der zurückversetzten Pegel und Höhenänderung bezüglich 1972 (Δ *h*) und Nullmessung (Δ *H*)		
	y	*x*	Höhe in m	Δ *h*	Δ *H*
P 1	— 49 348,79	+ 19 922,60	3083,38	— 1,31	— 2,20
P 2	— 48 836,29	+ 20 261,67	3085,73	— 0,18	— 0,13
P 3	— 49 051,99	+ 18 242,26	2997,15	—	— 1,25
P 4	— 48 773,42	+ 18 536,09	2982,28	+ 0,61	+ 1,13
P 5	— 48 447,62	+ 19 058,28	2958,95	— 2,08	— 2,08

Am 23. September 1970 wurden von Seite des Meßtrupps der Tauernkraftwerke AG bei verschiedenen Firnpegeln Absolut-Feinmessungen der Höhe der Firnoberfläche vorgenommen. Durch Zweifachanschnitte und mit Hilfe von drei Handfunksprechsendern erfolgte an den gleichen Meßstellen am 2. Oktober 1972 und am 11. September 1974 eine Wiederholung der Messung der Höhe der Firnoberfläche. Es ergab sich dabei auch, daß die Firnoberfläche trotz nur sehr geringer Neigung eine Horizontalbewegung zwischen 13 und fast 20 m pro Jahr ausführte. Die Tab. 1 weist für einige Punkte im Firnbereich des Obersten Pasterzenbodens Änderungen zwischen 23. September 1970 (Δ *H*) und 2. Oktober 1972 (Δ *h*) gegenüber 11. September 1974 aus.

Die Höhenmessungen ließen erkennen, daß die Oberfläche des Firngebietes 1974 gegenüber 1972 um Beträge zwischen 0,18 und 2,08 m einsank und an einer Stelle um 0,61 m emporwuchs. Im Vorjahr 1973 fanden wegen Wetterungunst keine Messungen statt. Zwischen 1970 und 1974 erhöhte sich die Firnoberfläche an einem Punkt um 1,13 m. An vier weiteren erniedrigte sie sich zwischen 0,13 und 2,20 m.

2.6. Wasserfallwinklkees

Eine am 9. September 1974 bis zum Zungenende herabreichende Schneeauflage ließ von 7 Vorlandsmarken nur an vier Punkten das Gletscherende einwandfrei feststellen. Die Meßwerte waren: — 0,1, 0,0, 0,0 und — 3,1 m. Der Wert beim 5. Punkt von + 5,0 m muß als unsicher angesehen werden. Bei einer Marke an der rechten Gletscherseite gab es gegenüber 1973 eine Erhöhung der Firnoberfläche von 1,5 m. An einer Spalte im obersten Gletscherteil wurde erkannt, daß sich in höheren Lagen eine ansehnliche Jahresfirnrücklage 1973/74 zu erhalten vermochte. Der Gletscher erzielte ohne Zweifel von 1973 auf 1974 einen geringfügigen Massenzuwachs.

2.7. Schmiedingerkees

Im Firngebiet des Gletschers auf dem Kitzsteinhorn wurden von der Abteilung „Hydro" der Tauernkraftwerke AG am 2. und 3. September 1974 an 12 Stellen Untersuchungen über den Aufbau der Jahresfirnrücklage 1973/74 vorgenommen. Zum Teil galt es, im Rahmen des UNESCO-Programms „Man and Biophere" die Beeinflussung des Schmiedingerkeeses durch den Fremdenverkehr kennen zu lernen. Im Vorjahr 1973 ergab sich auf nur wenig von Schifahrern benutzten Flächenteilen in 2900 m Seehöhe eine mittlere Dichte der Firndecke 1972/73 von 0,59. Im Bereich der Abfahrtspiste betrug sie 0,63 und 0,64. Die menschliche Einwirkung auf die Piste führte demnach zu einer stärkeren Verdichtung der Firnschneedecke gegenüber den weniger stark beeinflußten Teilen der Gletscheroberfläche.

Tabelle 2. Firnschneeprofile auf dem Schmiedingerkees

Untersuchung am 2. und 3. September 1974

	Seehöhe in m	Dicke der Jahresfirnrücklage in cm	Dichte
Zwischen Lifttrasse und Piste stark beeinflußt	2940	195	0,54
Bei Schischule	2980	176	0,56
30 m rechts der Lifttrasse	2900	232	0,53
3 m rechts der Lifttrasse	2880	172	0,53
Genau bei Lifttrasse	2860	217	0,58
Auf Lifttrasse	2820	167	0,58
10 m neben Lifttrasse	2800	108	0,52
Genau in der Mitte der Lifte Schmiedinger und Maurer	2800	58	0,47
Oberhalb des Gletschertotalisators	2700	85	0,54
60 m links der Seilbahn Gletscherbahn	2660	260	0,59
40 m rechts des Maurerliftes	2650	80	0,58
Abseits des Schmiedingerliftes	2600	150	0,52

1974 erschien die Gletscheroberfläche infolge kurz vorher eingetretenden Schneefalles weniger stark als 1973 verunreinigt. 1973 war die Oberfläche des Gletschers vor allem entlang der Lifttrassen durch schwarze rußartige Körnchen und fetthaltige Rückstände stark verschmutzt. Die Leih-Schi mußten in mehr oder minder regelmäßigen Abständen von fettigen Stoffen gereinigt werden. Auch die Kleidung verschmutzte von derartigen Rückständen. Einen besonders starken Verschmutzungsgrad wiesen die Einstiegstellen der Schlepplifte auf. Die Laufflächen der Schier brachten ölige Verschmutzung aus tieferen Lagen in die Höhe. Die durch menschliche Einflüsse erzeugte Verunreinigung der Gletscherfläche mußte natürlich auch unerfreuliche Folgen auf die Reinheit des Wasserabflusses zeitigen.

Das Zungenende des Schmiedingerkeeses konnte am 3. September wegen teilweiser Schneebedeckung nicht einwandfrei eingemessen werden. Am Firngebietrand erhöhte sich die Oberfläche um 0,8, 0,7, 1,8, 1,6 und 2,1 m. An einer Stelle sank er um 0,4 m ein.

Die Tab. 3 bietet Höhenänderungen der Oberfläche des Firngebietes nach Messungen des Meßtrupps der Tauernkraftwerke AG. Δh = Änderung zwischen 3. Oktober

Tabelle 3. Querprofile über das Schmiedingerkees am 2. September 1974; Änderung gegenüber 3. Oktober 1973 und 14. Oktober 1969 in m

Pegel Nummer	Seehöhe in m Urzustand 14. Okt. 1969	Lageänderung bezüglich Urzustand			Höhenänderung bezüglich 1973 und 1969	
		Δy	Δx	ΔL	Δh	ΔH
F 1	2928,24	—	—	—	− 1,89	− 3,31
F 2	2909,08	+ 0,45	+ 1,24	1,32	+ 1,26	− 0,40
F 3	2908,04	+ 2,04	+ 2,70	3,38	+ 1,84	− 0,68
F 4	2841,67	+ 4,01	+ 9,72	10,51	− 0,80	− 2,68
F 5	2873,82	− 0,61	+ 2,75	2,82	+ 1,32	+ 0,16
F 6	2863,72	—	—	—	+ 1,04	− 0,06
F 7	2866,57	—	—	—	+ 1,85	− 0,40
F 8	2698,80	− 1,04	+ 4,07	4,20	+ 1,48	+ 0,06
F 9	2763,17	+ 6,66	+ 10,64	12,55	+ 1,07	− 1,74
F 10	2795,10	+ 0,76	+ 5,94	5,99	+ 1,44	+ 0,21
F 11	2800,40	—	—	—	+ 1,56	− 0,90
F 12	2880,85	—	—	—	+ 1,92	− 0,55
F 13	2796,93	—	—	—	+ 0,67	− 2,69
A 1	2649,44	+ 1,97	+ 5,00	5,37	+ 1,40	− 2,23
A 2	2646,65	+ 4,14	+ 10,21	11,02	+ 2,58	+ 1,22
A 3	2648,68	+ 1,90	+ 4,51	4,89	+ 1,61	+ 3,78
A 4	2666,60	—	—	—	+ 1,73	− 1,95
A 5	2683,65	+ 0,55	+ 0,54	0,77	+ 1,04	− 0,79
A 6	2673,59	+ 1,34	+ 11,32	11,40	+ 1,45	− 2,09
A 7	2641,71	+ 0,86	− 1,28	1,54	+ 0,95	− 3,76
A 8	2573,96	+ 2,06	+ 6,33	6,66	+ 1,84	+ 3,51
A 9	2575,70	+ 2,06	—	—	—	—
A 10	2504,06	+ 0,79	+ 1,70	1,87	+ 1,43	− 1,96

1973 und 2. September 1974; ΔH = Änderung zwischen 14. Oktober 1969 und 2. September 1974.

Bei den Daten Δy und Δx handelte es sich um die Koordinaten Gauß-Krüger. Fehlende Angaben sind darauf zurückzuführen, daß die Pegel nicht mehr vorhanden waren.

Die Höhe der Oberfläche des Schmiedingerkeeses stieg in einer Höhenlage von über 2500 m mit einer Ausnahme von 1973 bis 1974 an. Das Anschwellen belief sich auf Werte bis zu 2,55 m. Ein Einsinken gab es nur in einer Seehöhe von 2842 m mit 0,8 m. 1974 betrug die Dickenabnahme des Gletschers gegenüber 1969 maximal 3,76 m. An mehreren Stellen erhöhte sich die Gletscheroberfläche (Höchstwert 3,78 m).

Es ist als gesichert zu betrachten, daß das Schmiedingerkees im Eishaushaltsjahr 1973/74 seine Substanz etwas vermehren konnte.

3.8. Kleines Fleißkees

Das Kleine Fleißkees wich vom 1. September 1973 bis zum 23. September 1974 im Durchschnitt aus drei Messungen um 1,2 m zurück. Bei den Marken B 72 und C 72 betrug der Rückgang 2,9 und 3,7 m. Bei A 72 rückte das Zungenende eigenartigerweise um 3,1 m vor. Im Vorjahr gab es ein Zungenrückweichen von 4,1 m. Die Firngrenze wurde am 23. September 1974 in ca. 2650 m festgestellt. Über der Steilstufe in 2750 m wurde ebenso wie in früheren Jahren keine weitere Einschnürung der Eisverbindung zwischen dem oberen und unteren Teil des Gletschers beobachtet. Auf Grund der Jahresfirnrücklage in der Fleißscharte, 2975 m, der tief herabreichenden Altschneedecke muß der Gletscher im Eishaushaltsjahr 1973/74 einen Massengewinn erzielt haben.

Bei der Pilatusscharte erhöhte sich der Rand des Firngebietes von 1973 auf 1974 um 0,7 m. Die Firnoberfläche schwoll dort von 1973 auf 1974 um 1,4 m an.

3.9. Kleines Sonnblickkees

Der rechte Zungenlappen des Kleinen Sonnblickkeeses erhöhte sich an seinem rechten Rand knapp vor dem Zungenende um 0,3 m. Das Zungenende selbst befand sich am 1. September 1974 von Altschnee bedeckt. Eine wesentliche Änderung des Massenhaushaltes konnte von 1973 auf 1974 kaum eingetreten sein.

3.10. Wurtenkees

Das Wurtenkees verkürzte sich an seiner rechten Seite (rechts von der Mittelmoräne) vom 21. August 1973 auf 22. August 1974 im Mittel aus 4 Messungen um 2,9 m. Die Änderungsbeträge waren: — 3,3, — 1,0, + 0,6 und + 0,8 m. Im Jahr 1973 gab es in der Niederen Scharte nur noch eine schmale Firnzunge. 1974 befand sich die Scharte zur Gänze innerhalb des Firnbereiches bzw. der Altschneebedeckung. Auf der linken unteren Zungenfläche erschienen bereits beträchtliche Spuren von Baumaßnahmen zur Erschließung des Scharecks für den Wintersport seitens Sport Gastein. Die Eisbilanz des Wurtenkeeses dürfte im Eishaushaltsjahr 1973/74 geringfügig positiv gewesen sein.

3.11. Großes Goldbergkees

Der Goldberggletscher (Vogelmaier Ochsenkarkees) verhielt sich in den letzten Jahren recht unterschiedlich. Während das Zungenende von 1971 auf 1972 stationär blieb, wich es von 1972 auf 1973 im Durchschnitt aus 5 Markenmessungen um 9,3 m zurück. Am 21. August 1974 hingegen ließ der Gletscher seit dem Vorjahr aus 5 Marken ein Vorrücken von 0,7 m erkennen. Die Lageänderung der Gletscherzunge bei den einzelnen Vorlandsmarken betrug + 1,1, — 0,3, + 0,7, 0,0 und + 2,1 m. Die Zungenfläche war größtenteils mit Altschnee bedeckt, der eine Ablation der Eisoberfläche verhinderte.

Der Gletscherkörper blieb ebenso wie in früheren Jahren in einer Seehöhe von 2750 m entzweigeschnitten. Der felsige Steilabfall gelangte an die Oberfläche und trennte das Goldbergkees in einen oberen und unteren Teil. Bei der tieferen Steilstufe in 2550 m („Oberes Gruepetes Kees") wird der Gletscher in gleicher Weise wie in den letzten Jahren von der Nordflanke her mehr als zur Hälfte abgeschnürt. Durch diese Verminderung der Gletscherbreite erfolgt im linken Zungenbereich kein Eisnachschub mehr von oben.

Im September 1973 stieg die Firngrenze bis gegen 3100 m an. Ende August 1974 war sie wegen der Schneebedeckung nicht feststellbar. Mit Berücksichtigung des Zungenverhaltens und der Firnrücklagen in der Fleißscharte, 2990 m, zwischen dem Goldbergkees und dem Kleinen Fleißkees muß das Goldbergkees von 1973 auf 1974 etwas an Substanz zugenommen haben.

Ein Firnschneeprofil in der Fleißscharte ergab am 24. August 1974 für die 185 cm mächtige Jahresfirnrücklage 1973/74 eine mittlere Dichte von 0,60 m. In ihr befanden sich, abgesehen von kleinen Scherrissen, 5 bis zu 3 cm dicke eisige Harscheinlagen. Die

Abb. 1. Großes Goldbergkees (Vogelmaier Ochsenkarkees). Aufnahme am 30. August 1975. Eiskörper zur Hälfte von rechts her abgeschnürt.

Temperatur war in der obersten Schicht — 0,5° und am Grunde — 1,3°. Das Schneeprofil wurde in unmittelbarer Nähe vom Schneepegel „Fleißscharte“ gegraben. Da dort die Route vom Sonnblickgipfel zur Goldbergspitze beim Schneepegel vorbeiführt, ist anzunehmen, daß die Schneedecke in diesem Bereich durch die Touristen eine gewisse Verdichtung erfuhr.

Die Oberfläche des Firnfeldes an der Kante der Goldbergspitze erhöhte sich von 1973 auf 1974 um 1,6 m. Bei der Pilatusscharte an der linken Seite des Kleinen Fleißkeeses betrug das Anschwellen der Firnoberfläche 0,7 m, an der Westkante des Gipfelaufbaues des Sonnblicks 1,0 m, beim Sonnblickostgrat 1,9 und 2,0 m. Die Felsinsel südöstlich vom Sonnblickgipfel erschien gerade noch angedeutet. Im Jahr 1955 war dort noch die Oberfläche des Firnfeldes um $2\frac{1}{2}$ bis $3\frac{1}{2}$ m niedriger als 1974. Es darf nicht übersehen werden, daß sich die Oberfläche des Firnfeldes von Ende August bis zum 26. September noch etwas gesenkt haben dürfte.

3. Witterung im Eishaushaltsjahr 1974/75

Das Glazialjahr (Hydrologisches Jahr) 1974/75 verlief im Vergleich zum langjährigen Durchschnitt zum Teil ungewöhnlich niederschlagsreich. Die Niederschlagsmenge überschritt in der Summe des Zeitraumes 1. Oktober 1974 bis 30. September 1975 zwischen 11 und 44% den langjährigen Durchschnitt. Die Lufttemperatur (Mittel aus den 12 Monaten) war im Niveau von 3100 m um 0,4° und in tieferen Lagen bis zu 1,3° übernormal.

Am 24. September 1974 begann der Vorwinter mit Schneefall bis unter 1500 m herab. In 3000 m Seehöhe bildete sich — beurteilt nach der Fleißscharte auf dem Rauriser Sonnblick — bis zum Monatsende eine bis zu 140 cm hohe Schneedecke.

Oktober 1974. In der Nivalregion um 6,2° und in mittleren und tiefen Lagen um ca. 4° zu kalt. Sonnenscheindauer 14% unternormal. Niederschlag bis 54% überdurchschnittlich. Größte Mächtigkeit der Schneedecke in 3000 m 280 cm.

November 1974. Temperatur und Sonnenschein ungefähr normal. In 3000 m Erniedrigung der Schneehöhe durch Setzung und Verdichtung bis zur Monatsmitte auf 200 cm und dann wieder Zunahme auf 320 cm.

Dezember 1974. Bis 10% überdurchschnittlich sonnig und bis 2,4° zu mild. Niederschlag bis 69% übernormal. Höhe der Schneedecke in 300 m zwischen 280 und 330 cm schwankend.

Jänner 1975. Temperatur zwischen 3,5 und 5,7° übernormal. Sonnenscheindauer geringfügig überdurchschnittlich. Niederschlag bis 57% über dem Regelwert. In 3000 m Mächtigkeit der Schneedecke am Monatsende 390 cm.

Februar 1975. Bis 25% überdurchschnittlich sonnig, 0,4 bis 2,1° zu mild und extrem niederschlagsarm. (Niederschlagsdefizit 68 bis 78%.) In 3000 m Abnahme der Schneehöhe auf 270 cm.

März 1975. Niederschlag 300% der mittleren Monatsmenge. Temperatur ungefähr normal. Sonnenscheindefizit 12 bis 20%. Größte Mächtigkeit der Schneedecke in 3000 m 390 cm. In windgeschützteren alpinen Hochlagen Schneedecke noch um mehrere Meter mächtiger.

April 1975. Um 1,0 bis 2,4° zu kühl und 6 bis 15% unterdurchschnittlich sonnig. Niederschlag bis 77% übernormal. In 3000 m vom 1. bis 17. Erhöhung der Schneedecke von 390 cm auf 600 cm und dann Abnahme bis zum Monatsende auf 550 cm.

Mai 1975. Lufttemperatur, Sonnenschein und Niederschlag ungefähr mittleren Verhältnissen entsprechend. In erster Monatsdekade in 300 m Anstieg der Schneedeckenmächtigkeit auf 710 cm und dann rasch Abnahme auf 590 cm am Monatsende.

Juni 1975. Temperatur um 1,9 bis 3,2° zu niedrig, 15 bis 19% unterdurchschnittlich sonnig und 15 bis 19% zu niederschlagsreich. In 3000 m Zunahme der Höhe der Schneedecke bis 650 cm am 7. und dann Rückgang bis 490 cm am Ende des Monats.

Juli 1975. Gering übernormal sonnig, Temperatur und Niederschlag ungefähr normal. Abnahme der Mächtigkeit der Schneedecke in 3000 m auf 290 cm.

August 1975. Temperatur und Niederschlag um den langjährigen Regelwert. Sonnenscheindauer 8 bis 14% unterdurchschnittlich. In 3000 m Rückgang der Schneehöhe auf 160 cm.

September 1975. Bis 19% zu sonnig und zu trocken. Niederschlagsdefizit bis 69%. Monatsmittel der Temperatur bis 3,1° über dem langjährigen Durchschnitt. Die Schneedecke in 3000 m erniedrigte sich unregelmäßig bis zum Monatsende auf 80 cm. (In bezug auf den Massenhaushalt der Gletscher sei bemerkt, daß der Oktober 1975 mit strahlungsreichem und relativ sehr warmem und niederschlagsarmem Wetter ein weiteres Zurückweichen der Zungenenden der Gletscher und einen weiteren Substanzverlust der vereisten Areale des Hochgebirges verursachte.)

3.1. Oberster Pasterzenboden

In 3060 und 2990 m wurden Schneedichtemessungen vorgenommen. Beide Profile mit einer Tiefe von 3,60 und 2,90 m ergaben eine mittlere Dichte von nicht ganz 0,7. Die Messungen am 9. September 1975 wurden durch mehrere ungewöhnlich dicke und stark gefrorene Harscheinlagen (milchiges bis glasiges Eis) sehr erschwert. Die eisigen Harschlamellen besaßen eine Dicke zwischen 4 und 7 mm. Eine Mächtigkeit einer eisigen Harsch-Schicht von 7 cm stellt für den Obersten Pasterzenboden einen Rekord dar.

Die Oberfläche des Obersten Pasterzenbodens hatte sich von 1974 auf 1975 bis 2,94 m erhöht. An einer einzigen Stelle bei Punkt P 1 sank sie um 0,21 m ein. Einzelheiten bietet die Tab. 4.

Tabelle 4. Höhenänderungen am obersten Pasterzenboden. (Nach Messungen des Meßtrupps der Tauernkraftwerke AG am 9. September 1975)

Punkt	Koordinaten System Gauß-Krüger		Höhe der zurückversetzten Pegel und Höhenänderung bezüglich 1974 (Δh) und bezüglich 1970 (ΔH) 1973 keine Messung Angaben in m		
	y	x	Höhe in m	Δh	ΔH
P 1	— 49 348,79	+ 19 922,60	3085,37	+ 1,99	— 0,21
P 2	— 48 836,29	+ 20 261,67	3086,68	+ 0,95	+ 0,82
P 3	— 49 051,99	+ 18 242,26	2998,60	+ 1,45	+ 0,20
P 4	— 48 773,42	+ 18 536,09	2984,09	+ 1,81	+ 2,94
P 5	— 48 347,62	+ 19 058,28	2962,34	+ 3,39	+ 1,31

Die Gletscherzunge der Pasterze wich nach H. Wakonig am orographisch linken, moränenfreien Teil von 1974 auf 1975 im Mittel um 1,2 m zurück. Am moränenbedeckten Teil betrug das Rückweichen 7,35 m. (Im Vorjahr 1974 dort 17,0 m.)

Der Wasserabfluß der Pasterze (Möll) überschritt im Zeitabschnitt 1. Oktober 1974 bis 30. September 1975 um 2,4% die langjährige Regelmenge.

3.2. Wasserfallwinklkees

Eine am 10. September 1975 bis über das Zungenende herabreichende Schneeauflage ließ von 7 Vorlandsmarken an keinem einzigen Punkt das Gletscherende einwandfrei feststellen. Etwas vorher stellte H. Wakonig an einer Stelle einen Zungenvorstoß von 3,9 m fest. Der Wasserfallwinklgletscher erzielte von 1974 auf 1975 fraglos einen Massenzuwachs.

3.3. Schmiedingerkees

Nach der Messung am 16. September 1975 rückte der Gletscher von 1974 auf 1975 um 2,2, 5,1 und 1,5 m vor. (Mittelwert demnach 2,9 m.) Am 24. September 1975 zeigten die Randmarken im Firngebiet eine Erhöhung der Oberfläche bis um 2 m an. 9 Firnschneedichtemessungen der Abteilung „Hydro" der Tauernkraftwerke AG am 24. und 25. September 1975 mit einer Schichttiefe zwischen 0,58 und 3,51 m der Jahresfirnrücklage 1974/75 ergaben Werte zwischen 0,50 und 0,65 m.

Tabelle 5. Dichtemessungen auf dem Schmiedingerkees

Seehöhe in m	Mächtigkeit der Jahresfirnrücklage 1974/75 in cm	Dichte
2930	125	0,60
2910	160	0,54
2870	114	0,65
2865	175	0,56
2870	217	0,58
2820	58	0,50
2910	342	0,52
2795	317	0,65
2680	351	0,53

H. Ganahl berechnete den hydrologischen Massenhaushalt des Schmiedingerkeeses für das Eishaushaltsjahr 1974/75 mit folgenden Grundlagen: Fläche (E) = 4,4 km², Abfluß (A) = 5,061 hm³, Gebietsverdunstung (V) für eine mittlere Höhe von 2645 m mit 239 mm und Niederschlag (N) von 2212 mm. Aus der Massenhaushaltsgleichung ergab sich somit

$$N - A - V = 2212 - 1150 - 239 = 823 \text{ mm},$$

demnach ein Rückhalt von 823 mm.

Tabelle 6. Zwei Querprofile über das Schmiedingerkees

Messung am 23. September 1975

Punkt	Koordinaten System Gauß-Krüger bezüglich M 31		Höhe der zurückversetzten Pegel und Höhenänderung bezüglich 1974 (Δ *h*) und bezüglich Nullmessung 14. Okt. 1969 (Δ *H*)		
	y	*x*	Höhe in m	Δ *h*	Δ *H*
F 2	— 49 456,74	+ 28 130,36	2909,18	— 0,50	+ 0,10
F 3	— 49 623,27	+ 28 261,92	2907,70	+ 0,34	— 0,34
F 4	— 49 028,44	+ 28 407,12	—	—	—
F 5	— 49 314,42	+ 28 400,36	2874,52	+ 0,54	+ 0,70
F 6	— 49 444,29	+ 28 420,43	2863,98	+ 0,32	+ 0,26
F 7	— 49 620,63	+ 28 465,31	2866,36	+ 0,19	— 0,21
F 8	— 48 651,84	+ 28 607,74	2699,21	+ 0,35	+ 0,41
F 9	— 48 862,22	+ 28 586,47	2762,00	+ 0,57	— 1,17
F 10	— 49 339,27	+ 28 728,68	2795,96	+ 0,65	+ 0,86
F 11	— 49 598,32	+ 28 775,26	2799,14	— 0,36	— 1,26
F 12	— 49 974,19	+ 28 797,15	2880,84	+ 0,54	— 0,01
F 13	— 49 842,91	+ 28 958,43	2795,82	+ 1,58	— 1,11
A 1	— 48 567,83	+ 28 739,53	2648,49	+ 1,28	— 0,95
A 2	— 48 732,51	+ 28 827,39	2648,66	+ 0,79	+ 2,11
A 3	— 48 933,50	+ 28 905,50	2653,37	+ 0,91	+ 4,69
A 4	— 49 120,63	+ 28 994,16	2665,05	+ 0,40	— 1,55
A 5	— 49 333,81	+ 29 085,80	2683,11	+ 0,24	— 0,55
A 6	— 49 648,71	+ 29 283,75	2670,90	— 0,60	— 2,69
A 7	— 49 497,48	+ 29 400,67	2637,41	— 0,73	— 4,49
A 8	— 48 592,46	+ 28 971,07	2578,20	+ 1,16	+ 4,67
A 9	— 48 722,38	+ 29 005,58	2578,65	+ 1,16	+ 2,95
A 10	— 48 532,47	+ 29 129,06	2502,08	— 0,02	— 1,98

Lageänderung 1975 gegenüber 1969 in m: F 9 29,24, F 10 6,86, A 2 12,69, A 3 6,10, A 7 0,93, A 8 8,62, A 10 1,88.

Die Querprofile auf dem Schmiedingerkees (Tab. 5) ließen am 23. September 1975 an 4 Punkten ein geringes Einsinken der Oberfläche des Firnfeldes erkennen. An 17 Stellen schwoll die Oberfläche bis zu 1,58 m gegenüber 1974 an. Es sei bemerkt, daß bald nach 1950 die Oberfläche des Firngebietes höher war als 1974.

3.4. Großes Goldbergkees

Der große Goldberggletscher (Voglmaier Ochsenkarkees) ließ im Vorjahr 1974 aus 5 Vorlandsmarken ein Vorrücken von 0,7 m erkennen. Am 30. August 1975 wurde aus drei Marken ein Vorstoß von 3,3 m festgestellt, und zwar bei P 25 von 1,1 bei A 72 von 4,9 und bei 22_{72} von 4,0 m. Die weiteren dort befindlichen Marken (im ganzen noch 4) erlaubten wegen Bedeckung des Zungenrandes mit Altschnee keine Messung.

Altschnee bedeckte noch zur Gänze die Zungenfläche. Daher konnte im Zehrgebiet dieses Gletschers keine Vertikalablation stattfinden. Das Vorrücken des Goldbergkeeses ist insofern etwas verwunderlich, als der Gletscherkörper seit einer ganzen Reihe von Jahren in einer Seehöhe von 2750 m entzweigeschnitten ist. Entsprechend dem Verhalten des Zungengebietes und der Jahresfirnrücklage auf der Firnfläche verzeichnete das Große Goldbergkees ohne Zweifel im Glazialjahr 1974/75 einen erheblichen Massengewinn.

In der Fleißscharte zwischen dem Goldberg- und Kleinen Fleißkees in einer Seehöhe von 2990 m ergab ein Firnschneeprofil der 286 cm mächtigen Jahresfirnrücklage 1974/75 eine mittlere Dichte von 0,56. (Im Vorjahr besaß dort die Jahresfirnrücklage eine Dichte von 0,6.) Die Messung 1975 erfolgte am 1. September. Die Jahresfirnrücklage 1974/75 erwies sich als keineswegs homogen. Sie besaß in ihrem Vertikalaufbau mehrere Dichtesprünge und einige unterschiedlich dicke Harsch-Einlagen.

Am Sonnblickostgrat rückte die Oberfläche des Firnfeldes bei der „Lislstange“ um 0,4 und bei der Marke H um 1,0 in die Höhe. Der felsige Gipfelaufbau stieg an der Südflanke um 1,2 m in die Höhe. An der Kante des Gipfelaufbaues der Goldbergspitze erhöhte sich das Firnniveau um 2,6 m. Von der Felsinsel südöstlich vom Sonnblickgipfel war nichts zu erkennen. Im Jahre 1950 ragte sie bis zu 3,5 m aus dem Firnfeld heraus. In der Pilatusscharte blieb die Oberfläche des Firnfeldes gleich hoch wie im Vorjahr.

Betreffs der Höhe der Oberfläche des Großen Goldberg- und Kleinen Fleißkeeses ist zu bemerken, daß sie sich infolge Witterungsgunst bis Ende September noch etwas erniedrigt haben dürfte. Der Aufstellung der Jahreseisbilanz, auf Messungen Anfang September 1975 beruhend, haftet aus Gründen der Schönwetterperiode in der zweiten Septemberhälfte naturgemäß eine stärkere Ungenauigkeit an.

3.5. Kleines Fleißkees

Von zwei Vorlandsmarken des Kleinen Fleißkeeses ließ sich ein Zungenvorstoß um 4,3 und ein Rückgang um 1,5 m feststellen. (Mittleres Vorrücken demnach 2,8 m.) Vor weiteren Marken war das Zungenende nicht genau zu ermitteln. Altschnee bedeckte am 2. September 1975 den ganzen Zungenbereich. Auf der Steilstufe in 2750 m wurde ebenso wie in früheren Jahren keine deutliche weitere Einschnürung der Eisverbindung zwischen dem oberen und dem unteren Teil des Gletschers beobachtet. Mit Berücksichtigung der Jahresfirnrücklage in der Fleißscharte, 2975 m, und der tief herabreichenden Altschneedecke und dem Verhalten des Zungenendes vermochte das Kleine Fleißkees im Eishaushaltsjahr 1974/75 einen deutlichen Massenzuwachs zu erzielen.

3.6. Kleines Sonnblickkees

Der rechte Zungenlappen des Kleinen Sonnblickkeeses erhöhte sich gegenüber 1974 an seinem rechten Rand knapp vor dem Zungenende um 2,0 m. Über dem Zungenende lag am 30. August 1975 eine Altschneedecke von mehr als 60 cm Mächtigkeit. Von 1974 auf 1975 muß der Jahreseishaushalt deutlich positiv gewesen sein.

3.7. Wurtenkees

Das Zungenende des Wurtenkeeses ließ sich am 31. August 1975 nur bei der Marke H 72 einwandfrei beobachten. An dieser Stelle war der Gletscher um 4,2 m vorgerückt. Vor allen anderen Vorlandsmarken befand sich das Zungenende mit Altschnee bedeckt, der auch noch stellenweise weiter hinunterreichte. Der linke Gletscherteil (Schareckteil) endete bereits in der Wasseransammlung des 1974 errichteten Staubeckens. Für das Wurtenkees ist ebenso wie bei allen anderen Gletschern des Sonnblickgebietes ein Massengewinn im Eishaushaltsjahr 1974/75 anzunehmen.

4. Änderung am Gefrorene Wandkees in den Zillertaler Alpen von 1969 bis 1975

Das Gefrorene Wandkees erhöhte in drei Querprofilen ausnahmslos die Oberfläche des Firnbereiches. Als größte Erhöhung aus 15 Meßpunkten (Messung am 2. September 1975) wurde ein Wert von 1,89 m ermittelt (Tab. 6). 1975 erschien die Oberfläche des Firnfeldes örtlich noch um 2,82 m höher als 1969.

Tabelle 6. Höhenänderungen am Gefrorene Wandkees. (Messung am 2. September 1975 ausgeführt vom Meßtrupp der Tauernkraftwerke AG)

Punkt	Koordinaten System Gauß-Krüger bezüglich M 28		Höhe der zurückversetzten Pegel und Höhenänderung bezüglich 1974 (Δh) und bezüglich Nullmessung vom 1. Okt. 1969 (ΔH)		
	y	x	Höhe in m	Δh	ΔH
A 1	+ 102 161,04	+ 14 443,52	3181,80	+ 0,26	− 0,04
A 2	+ 101 842,68	+ 14 317,15	3054,54	+ 0,52	+ 0,27
A 3	+ 101 594,32	+ 14 218,10	3034,10	+ 0,73	+ 1,06
A 4	+ 101 293,38	+ 14 100,16	3037,62	+ 0,49	+ 0,26
A 5	+ 100 929,56	+ 13 948,25	3158,64	+ 1,21	+ 0,63
B 1	+ 101 997,80	+ 14 730,30	3122,28	+ 0,91	+ 0,06
B 2	+ 101 747,54	+ 14 731,24	3019,04	+ 1,76	+ 1,01
B 3	+ 101 425,94	+ 14 727,95	2985,22	+ 1,32	+ 1,18
B 4	+ 101 001,16	+ 14 734,26	—	—	—
C 1	+ 101 652,21	+ 15 093,33	2983,91	+ 1,89	+ 0,81
C 2	+ 101 234,95	+ 15 132,05	2910,83	+ 1,53	− 0,04
C 3	+ 101 879,42	+ 15 170,16	2913,59	+ 0,90	+ 0,31
C 4	+ 100 694,92	+ 15 159,11	2963,46	+ 1,37	+ 1,39
C 5	+ 100 339,97	+ 15 122,08	2957,48	+ 1,46	+ 2,82
C 6	+ 100 039,58	+ 15 088,98	2946,52	+ 1,75	+ 1,30

Das Firnfeld des Gefrorene Wandkeeses vermochte sich an fast allen Meßpunkten der Querprofile geringfügig gegenüber 1969 zu erhöhen. Bei Punkt C 2 gab es von 1970 auf 1971 eine Fließgeschwindigkeit des Oberflächeneises von 31,97 m. Bei Punkt D 2 im Eisbruch betrug das Eisfließen von 1971 auf 1972 das enorme Ausmaß von 42,23 m (Tab. 7).

Tabelle 7. Höhenänderungen der Firnoberfläche und Fließgeschwindigkeit des Oberflächeneises am Gefrorene Wandkees in m pro Jahr von 1969 bis 1975

Pegel	Höhenänderung der Firnoberfläche m pro Jahr					Fließgeschwindigkeit des Oberflächeneises pro m Jahr			
	1969/70	1970/71	1971/72	1972/73	1973/75	1969/70	1970/71	1971/72	1972/73
A 1	+ 0,56	— 2,84	+ 1,67	+ 0,31	+ 0,26	3,37	4,11	5,83	5,86
A 2	— 0,64	— 2,25	+ 2,95	— 0,31	+ 0,52	0,60	—	—	—
A 3	+ 0,37	— 0,81	+ 0,96	— 0,19	+ 0,73	3,89	5,51	5,03	4,19
A 4	+ 0,30	— 0,98	+ 0,96	— 0,51	+ 0,49	8,63	10,86	10,33	8,32
A 5	+ 0,28	— 0,59	+ 0,45	— 0,72	+ 1,21	—	26,44	—	—
B 1	+ 0,79	— 1,74	+ 1,27	— 1,17	+ 0,91	3,62	3,15	5,02	2,19
B 2	+ 0,97	— 1,61	+ 0,67	— 0,78	+ 1,76	3,69	3,51	4,32	—
B 3	+ 0,46	— 1,08	+ 0,68	— 0,20	+ 1,32	16,50	16,83	17,69	17,57
B 4	+ 0,37	— 0,35	— 0,18	— 0,94	—	9,51	9,36	8,34	—
C 1	+ 0,45	— 1,64	+ 1,03	— 0,92	+ 1,89	0,05	—	0,15	0,14
C 2	+ 0,29	— 0,64	— 0,92	— 0,30	+ 1,53	28,63	**31,97**	—	—
C 3	+ 0,41	— 0,99	—	—	+ 0,90	5,46	5,02	—	8,57
C 4	+ 0,28	— 0,75	+ 0,98	— 0,49	+ 1,37	—	5,49	5,99	5,43
C 5	+ 0,85	— 0,75	+ 1,69	— 0,43	+ 1,46	10,78	10,68	13,06	—
C 6	+ 0,71	— 1,39	+ 0,61	— 0,38	+ 1,75	5,21	—	—	8,10
D 1	— 0,05	— 1,35	—	—		21,43	—	—	—
D 2	+ 0,35	— 0,91	+ 0,77	— 0,34		37,40	**41,00**	**42,23**	33,02
D 4	—	—	—	— 0,81		—	0,63	2,41	2,45
D 5	+ 0,45	— 0,74	+ 1,27	— 0,11		4,21	5,12	5,60	4,12
E 1	—	—	+ 3,04	—		—	7,98	—	—

Ergebnisse der Messungen der Niederschlagsmengen mit Totalisatoren in Gebirgsgegenden Kroatiens

Von Božidar Kirigin, Zagreb [1]

Mit 7 Abbildungen

1. Einleitung

In den Gebirgsgegenden von Gorski kotar, Velebit und den nördlichen Gebirgsausläufern der Dinarischen Gebirge konnte man wegen der Unmöglichkeit der Aufstellung der mit einem gewöhnlichen oder mit dem Gebirgs-Regenmesser ausgestatteten Meßstationen bis vor kurzem nicht über detaillierte Angaben über Menge und Verteilung des Niederschlags verfügen. Dennoch haben die Ergebnisse der Niederschlagsmessungen in einzelnen Stationen darauf hingewiesen, daß dieses Grenzgebiet zwischen der Adriatischen Küste und dem Hinterland der Sozialistischen Republik Kroatien, mit Rücksicht auf seine Lage zu den beherrrschenden Strömungen der feuchten Luft, sehr große Niederschlagsmessungen aufweist. Bei der Gründung der Hydrometeorologischen Anstalt in Zagreb im Jahre 1947 wurde dem Ausbau des Niederschlagsmeßnetzes und den klimatologischen Stationen große Aufmerksamkeit gewidmet. Forderungen nach möglichst reellen Angaben über die Niederschlagsmengen für Einzugsgebiete, wo Wasserkraftwerke vorgesehen worden sind, hatten zur Folge, daß man vor 25 Jahren an den Ausbau und die Aufstellung der ersten Totalisatoren in der Sozialistischen Republik Kroatien gegangen ist und daß im hydrologischen Jahr 1949/50 die ersten Niederschlagsmengen mit Totalisatoren gemessen wurden. Allerdings sind diese Messungen zum Großteil infolge des Windeinflusses und der Exposition nicht fehlerfrei gewesen.

Zur Feststellung der Verwendbarkeit von Totalisatoren in den Hochgebirgen sind bereits zahlreiche Messungen und Vergleiche an verschiedenen Typen der Regenmesser und Totalisatoren vorgenommen worden [1—6]. Außer dem Windeinfluß und der Exposition bestehen bei Anwendung der Totalisatoren in Hochgebirgen noch andere Fehlerquellen, die hauptsächlich auf die Mangelhaftigkeit der Instrumente zurückzuführen sind. Nach H. Tollner [7] treten instrumentale Fehler bei der Entleerung des Totalisatorbehälters, durch Hinzugießen der Flüssigkeit, Beschädigung des Gefäßes, Durchlässigkeit des Behälters und Gefrieren der Lösungsflüssigkeit auf. K. Heigel [8] und F. Bauer [9] haben mit ihren Untersuchungen einen Beitrag zur Kenntnis von Ursachen der Verringerung des Niederschlags-Volumens in den Totalisatoren durch Anwendung von Chlorkalziumlösung und durch den Schutz der Lösung gegen Gefrieren geleistet. Die neueren Untersuchungen von B. Sevruk [10—11] weisen ebenfalls auf die Fehlerquellen hin, die durch Windfelddeformationen, Verdunstung, Haftwasserverluste und durch temperaturbedingte Volumsänderung entstehen.

[1] Republikanische Hydrometeorologische Anstalt (Jugoslawien).

Bei der Aufstellung der Totalisatoren in Gebirgsgegenden Kroatiens sind die bisher gemachten Erfahrungen in anderen Ländern berücksichtigt worden; es wurde aber auch bei eigenen Niederschlagssammlern durch eine bessere technische Ausführung eine genauere Meßmethode bei Totalisatoren erzielt. Durch Vergleiche der Messungen des Niederschlags mit Totalisatoren und mit anderen Typen von Regensammlern auf den Stationen Sljeme (999 m) und Zavižan (1594 m) ist es möglich geworden, den Wert der Meßergebnisse des Niederschlags mit Totalisatoren in den Gebirgen Kroatiens festzustellen.

2. Konstruktion des Totalisators und Methode der Messung

Die in Kroatien eingesetzten Totalisatoren sind nach P. L. Mougin [12] in Zylinderform angefertigt worden. Da im Gebiet von Gorski kotar reichliche Niederschläge vorkommen, wurden die Totalisatoren so ausgearbeitet, daß sie 5350 mm Niederschlag auffangen können. Die schweizerische Ausführung des Totalisators wurde so modifiziert, daß die Hauptkonstruktion des Instrumentes auf einem Dreifuß aus verzinkten

Abb. 1. Lage des Totalisators Rossi-Hütte (1620 m) auf dem Nord-Velebitgebirge (Photo B. Kirigin).

Rohren (Länge 3,69 m) so aufgestellt wird, daß die Höhe der Auffangfläche des Totalisators 4,0 m über dem Boden beträgt. Um unbefugten Personen den Zutritt zu vereiteln, werden übertragbare Eisensprossen verwendet, die nur bei der Ablesung des Totalisators eingeschoben werden.

Die ersten Messungen des Niederschlags mit Totalisatoren haben gezeigt, daß die Schutzkappe mit Vorhängeschloß zum Schutz des Ablaßhahnes (Ausführung I) eine vollkommene Sammlung des Niederschlags im Totalisator nicht gewährleistet. Die neue Konstruktionsänderung des Ablaßhahnes [13] ermöglicht es, daß die Hauptsicherungsschraube den Totalisator von der Innenseite abschließt (Ausführung II). Diese Konstruktionsänderung des Ablaßhahnes am Totalisator erwies sich als sehr vorteilhaft; denn in 24 Jahren ist es nicht in einem Falle vorgekommen, daß der Ablaßteil am Totalisator beschädigt worden ist.

Unter Anwendung einer neuen Meßmethode der Niederschlagsmenge im Totalisator [13] und mit der schon erwähnten Sicherungsschraube an der Innenseite des

Totalisators wurde eine bedeutend erleichterte und genauere Methode der Messung des Inhaltes im Niederschlagssammler ermöglicht.

Die Ablesung bei allen Niederschlagssammlern erfolgt mit der Volumen-Meßmethode mit Hilfe von speziell angefertigten verzinkten Blechbehältern, Inhalt 532 und 57 mm, und Anwendung eines Niederschlagsmeßglases zur Messung von geringeren Inhalten und Vaselinöl.

Alle Totalisatoren werden in den Wintermonaten mit einer Chlorkalziumlösung versehen ($CaCl_2$), als Schutz gegen Gefrieren. Nach F. Bauer [9] ist die wesentlichste Voraussetzung für eine ungestörte Tätigkeit der Gebirgstotalisatoren die richtige Auswahl der Konzentration und der Flüssigkeitsmenge zum Füllen, wie auch die Dicke der Vaselinölschicht.

In der kalten Jahreszeit (für halbjährliche Ablesung des Totalisators) oder in dem ganzen Zeitabschnitt des hydrologischen Jahres wird eine Chlorkalziumlösung angewendet, die aus 6 kg Kalziumchlorid und 7 Liter Wasser gewonnen wird (spezifisches Gewicht 1,36 gr/cm^3) und eine genügende Konzentration erreicht. Der im Herbst und später im Laufe des Winters gefallene Niederschlag verdünnt die Lösung, doch der Gefrierpunkt bleibt dennoch genügend niedrig.

Die Lösung aus 6 kg $CaCl_2$ und 7 l H_2O wird in der Republikanischen hydrometeorologischen Anstalt in Zagreb zubereitet und die Menge von 9 Litern (450,0 mm) in Kunststoff-Behältern bis zum Totalisator transportiert. Auf diese Weise wird die schon abgekühlte Flüssigkeit in den Totalisator eingeschüttet; dabei wird ein längerer Aufenthalt beim Totalisator vermieden und ein genaueres Messen der eingeschütteten Lösung ermöglicht. Das technische Vaselinöl (spez. Gewicht 0,8) dient zur Vermeidung der Verdunstung aus dem Behälter des Meßgerätes. In die Totalisatoren, die nur einmal jährlich geleert wurden, werden 50,0 mm eingefüllt.

Die Messungen des Niederschlags mit Totalisatoren wurden im allgemeinen nur einmal im Jahre durchgeführt, doch in den Stationen höheren Ranges, wie Sljeme (999 m) und Zavižan (1594 m), ebenso bei einer bestimmten Anzahl von Totalisatoren in Einzugsgebieten, wurde die Ablesung auch im Frühjahr vorgenommen.

3. Totalisatorennetze

Im Herbst des Jahres 1949 sind die ersten drei Totalisatoren aufgestellt worden: Risnjak (1420 m), Mali Halan (1080 m) und Sljeme (999 m), neben dem Standard Hellmann-Regenmesser, Ombrograph und Niphograph an der synoptischen Station Sljeme zur Untersuchung der Leistung des Totalisators. In den folgenden Jahren wurde das Totalisatorennetz ständig erweitert, und zwar etwas intensiver bis zum Jahre 1953. In diesem Zeitabschnitt sind 24 neue Totalisatoren auf den Gebirgen eingesetzt worden, und zwar: Ivanšćica, zwischen den Flüssen Sava und der Drava, Velebit, im Dinarischen Gebirge (Dinara, Svilaja, Biokovo, Cincar) und speziell im Gebirgsgebiete von Gorski kotar.

Ein Jahr nach der Aufstellung des Totalisators Zavižan im Nord-Velebit (1594 m) wurde am 1. Oktober 1953 auch eine klimatologische Station eingerichtet, die seit dem September 1968 als synoptische Station tätig ist. Auf Grund der regelmäßigen Tagesmessungen des Niederschlags bei verschiedenen Typen der Meßgeräte ist es möglich geworden, in den 21 Jahren der Vergleichsmessungen ein Urteil über den Anwendungswert der Totalisatoren in den höheren Gebirgsgegenden Kroatiens zu gewinnen (Abb. 3).

In den letzten 14 Jahren, bis 1974, sind weitere 7 Totalisatoren aufgestellt worden, und zwar: 6 im Gebirge Velebit und 1 Totalisator im südöstlichen Teil der Gebirgsgegend von Gorski kotar (Vodica 900 m).

Tabelle 1. Totalisatorennetze in Gebirgsgegenden Kroatiens

Nr.	Meßstelle	Einzugsgebiet	Seehöhe in m	Beobachtungszeit
1.	Risnjak	Karst	1420	17. Sept. 1949 – 1974
2.	Vrbovska poljana	Karst	1236	27. Juli 1953 – 1974
3.	Parg	Sava	863	26. Okt. 1950 – 1974
4.	Mali Halan	Adriameer	1080	24. Sept. 1949 – 1974
5.	Sljeme	Sava	999	4. Okt. 1949 – 7. Nov. 1972
6.	Udbina	Karst	825	16. Juni 1950 – 1974
7.	Begovac	Karst	1390	14. Juli 1950 – 26. Juli 1974
8.	Vaganj	Adriameer	1140	15. Juli 1950 – 1974
9.	Zavižan II	Karst	1499	20. Okt. 1954 – 1974
10.	Gornje Jelenje	Adriameer	882	29. Juli 1951 – 1974
11.	Svilaja	Adriameer	1480	5. Okt. 1951 – 8. Sept. 1965
12.	Troglav	Adriameer	1700	3. Okt. 1951 – 14. Juli 1969
13.	Bačić kosa	Adriameer	1116	27. Mai 1952 – 19. Okt. 1972
14.	Rossi-Hütte	Adriameer	1620	4. Aug. 1952 – 1974
15.	Zavižan	Adriameer	1594	4. Aug. 1952 – 1974
16.	Vošac	Adriameer	1400	12. Juli 1952 – 1974
17.	Lividraga	Karst	929	29. Juli 1952 – 30. Juli 1974
18.	Viševica	Karst	1300	25. Juli 1956 – 1974
19.	Hahlići	Adriameer	1118	30. Mai 1954 – 1974
20.	Snježnik	Adriameer	1400	23. Mai 1954 – 1974
21.	Zavižan III	Adriameer	1450	18. Sept. 1955 – 1974
22.	Žilavi dolci	Karst	1139	27. Sept. 1955 – 1974
23.	Ivanščica	Sava	1056	15. Sept. 1956 – 1974
24.	Turjače	Adriameer	1120	11. Okt. 1956 – 1974
25.	Djudjelije	Adriameer	950	15. Okt. 1956 – 1974
26.	Lička Plešivica	Karst	1400	12. Aug. 1958 – 1974
27.	Štirovača	Karst	1102	30. Mai 1959 – 1974
28.	Bunovac	Karst	1200	20. Aug. 1963 – 1974
29.	Visočica	Karst	1460	24. Aug. 1963 – 1974
30.	Ćelavac	Karst	1207	27. Aug. 1963 – 14. Sept. 1972
31.	Vodica	Karst	900	20. Okt. 1967 – 1974
32.	Puntijarka	Sava	988	7. Nov. 1972 – 1974
33.	Malovan	Karst	840	15. Dez. 1972 – 1974
34.	Babrovača	Adriameer	920	20. Okt. 1972 – 1974

Alle Daten über die Lage der Totalisatoren sind in der Tab. 1 angegeben, während die Verteilung der Totalisatoren seit dem Jahre 1949 aus Abb. 2 ersichtlich ist.

Von 1949 bis 1974 sind insgesamt 35 Totalisatoren aufgestellt worden. Davon waren 4 Totalisatoren öfters beschädigt (Troglav, Svilaja, Bačić kosa und Begovac). Ende 1974 waren in Kroatien 27 Totalisatoren in Betrieb.

Bei der Aufstellung der Instrumente wurde zur Vermeidung von Störungen der Wahl des Ortes besondere Aufmerksamkeit gewidmet; dennoch konnte der Einfluß des Windes nicht überall vermieden werden. Dies war bei den Meßstellen Risnjak (1420 m), Troglav (1700 m), Bačić kosa (1116 m), Snježnik (1400 m), Zavižan (1594 m),

Abb. 2. Lageskizze der Totalisatoren in den Gebirgsgegenden der Sozialistischen Republik Kroatien.

Visočica (1460 m) und Bunovac (1200 m) der Fall. Die Totalisatoren, die in den 25 Jahren die brauchbarsten Ergebnisse gebracht haben, waren auf folgenden Meereshöhen aufgestellt:

Seehöhe in m	Zahl der Totalisatoren
801—1000	10
1001—1200	10
1201—1400	6
1401—1600	6
1601—1800	2

Nur 4 Totalisatoren waren in Ortschaften mit niedrigerer Meereshöhe eingesetzt. Auf der synoptischen Station Parg (863 m) in Gorski kotar war ein Niederschlagssammler zum Vergleich mit dem Hellmann-Regenmesser (Gefäßöffnung 200 cm²) aufgestellt.

4. Ergebnisse von Vergleichsmessungen mit Totalisatoren und anderen Regenmesser-Typen

Zur Prüfung der Genauigkeit der Niederschlagsmessungen mit Totalisatoren in den Gebirgsgegenden bis 1000 m über dem Meer wurde auf der synoptischen Station Sljeme (999 m, 8 km Luftlinie vom Observatorium Zagreb-Grič, 157 m ü. M.) ein Kontroll-Totalisator (Nr. 5) beim Hellmann-Regenmesser, Ombrograph (nur in der frostfreien Jahreszeit in Betrieb) und Niphograph der Fa. R. Fuess aufgestellt. Die Ergebnisse der 15jährigen Vergleichsmessungen in den hydrologischen Jahren 1949/50—1963/64 [15] haben gezeigt, daß in dem kalten Jahresteil (Abschnitt der Ablesungen vom Herbst bis Frühjahr) der Totalisator Sljeme im Durchschnitt 36 mm Niederschlag mehr aufnimmt

Abb. 3. Die Lage verschiedener Typen von Regenmessern und Totalisatoren auf der meteorologischen Station Zavižan (1594 m). Photo B. Kirigin.

als der Hellmann-Regenmesser (+ 5%), und 20 mm mehr als der Ombrograph und Niphograph (+ 3%); dagegen wurde im warmen Jahresteil (Ablesungsabschnitt vom Frühjahr bis zum Herbst) ein Verlust des Niederschlags im Totalisator im Vergleich mit dem Normalregenmesser (Auffangfläche 200 cm^2) um durchschnittlich 15 mm (— 3%) und mit Ombrograph der gleichen Auffangfläche um 19 mm (— 3%) festgestellt. Dieses Defizit des Niederschlags im warmen Jahresteil, das auch auf anderen Stationen, wo vergleichende Messungen stattgefunden haben (Parg 863 m, Lividraga 929 m und Zavižan 1594 m) gefunden worden ist, weist darauf hin, daß bei einer 5 mm dicken Vaselinölschicht im warmen Jahresteil eine Minderanzeige von Niederschlag im Totalisator erfolgt, obwohl nach den Versuchen mit einem Totalisator in Zürich [11], mit einer Ölschicht von 5 mm Stärke auch bei warmem Wetter keine Verdunstung festgestellt worden ist.

Im 15jährigen Mittel betrugen die Unterschiede der Niederschlagsmengen zwischen Totalisator und Regenmesser insgesamt 2% (21 mm), während der Unterschied zu dem Ombrograph und im Winter zu dem Niphograph 0% (— 2 mm) beträgt.

Eine weitere Prüfung der Verwendung des Totalisators für die Messungen des Niederschlags in Gebirgsgegenden wurde auf der meteorologischen Station Zavižan

(1594 m) im Nördlichen Velebit seit dem hydrologischen Jahr 1953/54 durch spezielle Vergleichsmessungen mit verschiedenen Regenmessertypen vorgenommen (Abb. 3). Systematisch bearbeitete Meßergebnisse dieser Station Zavižan haben in den hydrologischen Jahren 1964/65—1970/71 gezeigt, daß Regenmesser von unterschiedlicher Konstruktion auch bei kleinen Entfernungen prägnante Unterschiede in monatlichen und jährlichen Niederschlägen ergeben [16].

Da am 1. Oktober 1969 eine Veränderung des Standortes der Gebirgsregenmesser mit und ohne Nipher-Windschutzring vorgenommen worden ist, sind auch Änderungen in den Niederschlagswerten eingetreten. Für die weitere Bearbeitung wurden daher nur die hydrologischen Jahre 1955/56—1968/69 (14 Jahre) in Betracht gezogen.

Tabelle 2. Mittlere Niederschlagsmengen (mm) und bei Parallelmessungen mit Totalisator und verschiedenen Ombrometertypen festgestellte Differenzen im hydrologischen Jahr und im kalten und warmen Teil des Jahres auf der Station Zavižan (1594 m). Hydrologische Jahre 1955/56 bis 1968/69

Zeitraum	RT	R	RB_1	RB_2O
Jahr[1]	2169	1880	1909	2201
Kalter Teil des Jahres (IX—VII)[2]	1607[4]	1335[4]	1357[4]	1612[4]
Warmer Teil des Jahres (V—X)[3]	547[4]	557[4]	554[4]	575[4]

Differenzen:	Jahr		Kalter Teil des Jahres		Warmer Teil des Jahres	
	mm	%	mm	%	mm	%
RT—R	+ 289	+ 13	+ 272	+ 17	— 10	— 2
$RT-RB_1$	+ 260	+ 12	+ 250	+ 16	— 7	— 1
$RT-RB_2O$	— 32	— 1	— 5	— 0	— 28	— 5
$R-RB_1$	— 29	— 2	— 22	— 2	+ 3	+ 1
$R-RB_2O$	— 321	— 17	— 277	— 21	— 18	— 3
RB_1-RB_2O	— 292	— 15	— 255	— 19	— 21	— 4

RT = Totalisator in 4,0 m Höhe
R = Hellmann-Regenmesser (200 cm²), in 2,0 m Höhe
RB_1 = Gebirgsregenmesser (500 cm²) in 2,0 m Höhe
RB_2O = Gebirgsregenmesser (500 cm²) mit Windschutzring in 2,0 m Höhe

[1] Ablesungsperiode zwischen zwei Herbst-Ablesungen im Totalisator.
[2] Ablesungsperiode im Totalisator vom Herbst bis zum Sommer.
[3] Ablesungsperiode im Totalisator vom Frühjahr bis zum Herbst.
[4] Mittel für den Zeitraum 1955/56—1960/61 und 1962/63—1968/69 (13 Jahre).

Die Ergebnisse der halbjährigen Niederschlagsmessungen mit Totalisatoren und mit verschiedenen Regenmessertypen auf Zavižan (Tab. 2) zeigen, daß die gemessenen Niederschlagsmengen in den höheren Gebirgen erheblich vom Typ und von der Aufstellung des Instruments abhängig sind. Im kalten Teil des Jahres fällt im Totalisator durchschnittlich (13 Jahre) 17% (272 mm) mehr Niederschlag als im Hellmann-Regenmesser (200 cm²), und um 16% (250 mm) mehr als im Gebirgsregenmesser (500 cm²). Im Vergleich mit dem Gebirgsregenmesser mit Windschutzring (500 cm²) zeigt der Totalisator im 13jährigen Durchschnitt für den gleichen Zeitabschnitt einen unbedeutenden Niederschlagsverlust von 5 mm (0%); dagegen ergeben im warmen Teil des Jahres alle aufgestellten Regenmesser-Typen (Auffangfläche 2 m über dem Boden) im mehrjährigen

Durchschnitt 1—5% (7—28 mm) mehr Niederschlag, als mit dem Totalisator gemessen wurde.

Die Ergebnisse der Messung der halbjährigen Abweichungen der Niederschlagsmengen mit verschiedenen Regenmessertypen (Abb. 4) auf Zavižan zeigen, daß dort Regenmesser Hellmann (200 cm²) und Gebirgsregenmesser (500 cm²) zu wenig Niederschlag anzeigen; dagegen weisen die Messungen mit dem Gebirgsregenmesser (500 cm²) mit Nipherschutzring in einzelnen Jahren auch im kalten Teil des Jahres mehr Niederschlag auf als der Totalisator. Eine Analyse der 8jährigen Meßreihen [15] hinsichtlich

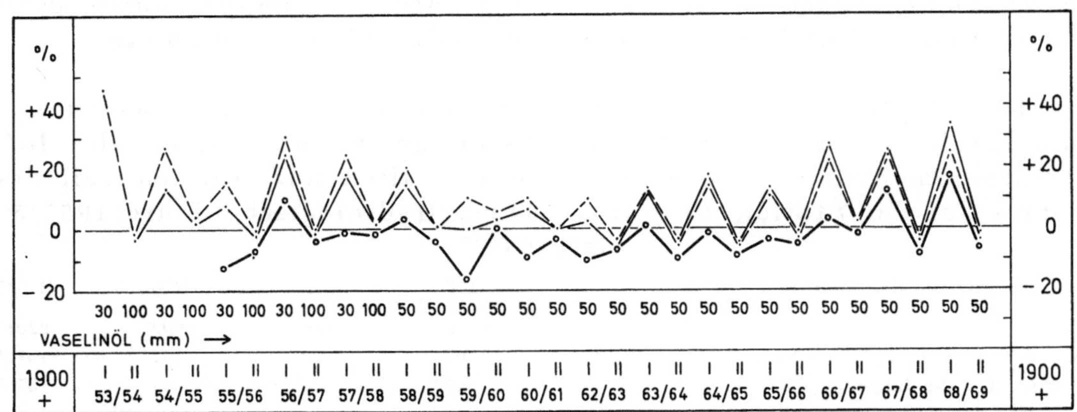

Abb. 4. Halbjährige Abweichungen der mit Totalisator gemessenen Niederschlagsmengen in Prozenten der mit Hellman-Regenmesser (·—·), Gebirgsregenmesser (·—·) und Gebirgsregenmesser mit Nipher-Windschutzring (∘—∘) gemessenen Werten in den Jahren 1953/54—1968/69. Zavižan (1594 m).

der Art des Niederschlags in Form von Regen mit Nebel, Schnee mit Nebel, mittlerer Schneehöhe und mittlerer Windstärke ergab, daß im Laufe des Winters die Öffnung der Auffangfläche bei Gebirgsregenmesser mit Nipherschutzring (RB_2O) durchschnittlich 1 m und manchmal auch nur 20 cm über der Schneedecke liegt, und dadurch kommt es bei Schneetreiben infolge des Einflusses des Windschutzringes zu einer stärkeren Schneeablagerung im Ombrometer, während gleichzeitig die Auffangfläche des Totalisators sich 294 cm über der mittleren monatlichen Schneehöhe (106 cm) befindet. Man sollte daher bei Höhenstationen dafür sorgen, daß die Öffnung des Ombrometers ständig 2 m über dem Boden oder über der Schneedecke liegt.

Die Vergleichsmessungen des Niederschlags mit verschiedenen Ombrometern (Tab. 2) vom 1. Oktober 1953 bis zum 2. Oktober 1969 haben ergeben, daß der Totalisator im 14jährigen Durchschnitt jährlich 13% (289 mm) mehr Niederschlag als der Hellmann-Regenmesser (200 cm²), und 12% (260 mm) mehr als der Gebirgsregenmesser (500 cm²) angibt. Nur im Vergleich mit dem Gebirgsregenmesser mit Windschutzring weist der Totalisator um 32 mm (1%) weniger Niederschlag auf.

Am 2. Oktober 1969 wurde auf der Station Zavižan der Standort der Gebirgsregenmesser mit und ohne Nipherschutzring gewechselt, was bewirkt hatte, daß nun im 5jährigen Mittel auch der Gebirgsregenmesser mit Nipher-Windschutzring am früheren Standort des Gebirgsregenmessers ohne Windschutz um 210 mm (10%) weniger und der Gebirgsmesser ohne Windschutz am früheren Standort des Gebirgsregenmessers mit Nipher-Windschutzring um 357 mm (17%) weniger als der Totalisator anzeigte; dagegen wurden mit dem neu aufgestellten Regenmesser System Woelfle (200 cm²) um nur 162 mm (8%) weniger Niederschlag gemessen als im Totalisator.

Nach den Ergebnissen der Vergleichsmessungen des Niederschlags auf der Station Zavižan (1594 m) kann man empfehlen, in den Gebirgsgegenden einen Gebirgsregenmesser mit Auffangfläche 500 cm² mit Windschutzring oder den Regenmesser System Woelfle (200 cm²) zu verwenden; denn mit diesen Instrumenten können jährlich 3—14% größere Niederschlagsmengen gesammelt werden [16].

5. Meßergebnisse

Im Gebiet von Kroatien überschreiten die höchsten Gebirgsgipfel nicht die Meereshöhe von 1831 m; demnach ist die Wirkung des Niederschlags, der in Form von Schnee herabfällt, auf die Leistung des Totalisators verringert. Auf der Station Zavižan (1594 m)

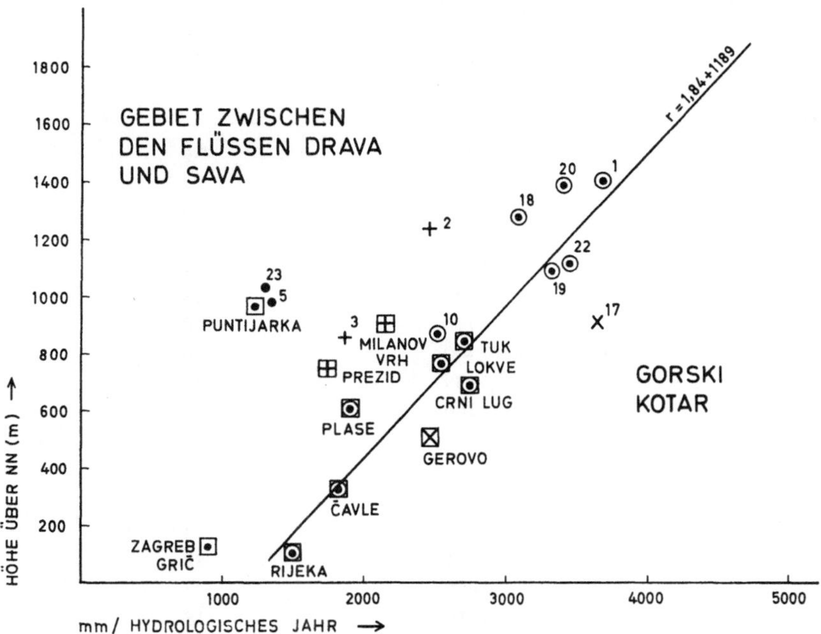

Abb. 5. Höhenabhängigkeit der Jahresniederschlagsmengen (mm) im Gebiet zwischen den Flüssen Sava und Drava und im Gebirge von Gorski kotar.

beträgt der Schneeanteil am gesamten Niederschlag im Jahr 39%, im Januar 97%, im Februar 77% und im März 81%. Da sich das Gebiet von Gorski kotar, das Velebit-Gebirge und die Dinarischen Gebirge (Svilaja, Dinara, Biokovo) unmittelbar am oder nur wenig entfernt vom Adriatischen Meer befinden, wird der Einfluß von warmen und feuchten Luftmassen sehr wirksam. Wegen der spezifischen orographischen Lage des Gorski kotar wurden hier auch die höchsten Tagesniederschlagsmengen (19. Oktober 1961: 271,5 mm, Begovo Razdolje), Monatsniederschlagsmengen (Oktober 1964: 1235 mm, Lividraga) und Jahresniederschlagsmengen (1960: 5784 mm, Platak) verzeichnet. Während der Niederschlagsanteil des Schnees in diesem Grenzgebiet zwischen dem Küsten- und dem Binnenland gering ist, wird hier die Wirkung des Windes verstärkt, besonders die der Bora (maximale Windböen 40—50 m/sek), was Schneetreiben verursacht und dadurch die Verringerung des Niederschlags im Totalisator bedingt. Ich bin der Meinung, daß es — infolge der hohen Aufstellung des Totalisators — nur bei einer sehr großen Schneehöhe zu einer zusätzlichen Zugabe von Schnee in dem Totalisator durch Schneeverfrachtung bei Schneetreiben kommt.

Die langjährigen mit Totalisatoren ermittelten Niederschlagsmittelwerte sind auf den Zeitabschnitt des hydrologischen Jahres (1. Oktober bis 30. September) reduziert in Tab. 3 wiedergegeben. Diese ersten Ergebnisse über die Niederschlagsmengen in den

Tabelle 3. Durchschnittliche Jahresmengen (mm) des Niederschlages in den Gebirgsgegenden Kroatiens in den hydrologischen Jahren 1949/50 bis 1973/74

Totalisator	Seehöhe in m	Zahl der Beobachtungs-Jahre	Niederschlag in mm
Panonische Gebirge			
Sljeme	999	25	1365
Ivanščica	1056	18	1314
Gorski kotar			
Risnjak	1420	25	3706
Parg	863	24	1865
Gornje Jelenje	882	23	2552
Lividraga	929	22	3646
Viševica	1300	21	3107
Vrbovska poljana	1236	18	2487
Hahlići	1118	20	3345
Snježnik	1400	20	3482
Žilavi doci	1139	19	3543
Vodica	900	7	2380
Lika			
Mali Halan	1080	25	2589
Udbina	825	24	1084
Zavižan	1594	22	2130
Rossi-Hütte	1620	22	2219
Brčić kosa	1116	18	2165
Zavižan II	1499	20	2199
Zavižan III	1450	19	2597
Lička Plešivica	1400	16	2152
Štirovača	1102	15	2668
Bunovac	1200	11	3461
Visočica	1460	11	2962
Čelavac	1207	8	1822
Malovan	840	1	—
Dinarische Gebirge			
Vaganj	1140	24	1609
Begovac	1390	24	1309
Troglav	1700	16	1866
Svilaja	1480	13	1561
Vošac	1400	22	1861
Djudjelije	950	18	1638
Turjače	1120	18	1402

Gebirgsgegenden haben sich bei den Untersuchungen der Niederschlagsverhältnisse in Kroatien wie auch bei der Ausarbeitung der Isohyetenkarte für Einzugsgebiete der Wasserkraftwerke bewährt. In den Abb. 5 und 6 ist die Höhenabhängigkeit des Niederschlags in 4 Niederschlags-Hauptgebieten der Gebirgsgegenden Kroatiens dargestellt. Zur Beurteilung der Leistung der Totalisatoren sind auch die Daten der Ombrometer-Messungen eingezeichnet; diese sind mit Quadraten gekennzeichnet.

Alle Ombrometer-Angaben beziehen sich auf langfristige Messungen in den hydrologischen Jahren 1949/50—1973/74. Aus Abb. 5 ist der Unterschied der Zunahme des Niederschlags mit der Meereshöhe im kontinentalen Gebiet zwischen der Sava und Drava und im Gebirgsgebiet von Gorski kotar, wo der Niederschlagsgradient in Kroatien am größten ist und nach B. Penzar [17] 21 mm auf jede 100 m Höhe beträgt, ersichtlich. Die Beziehung zwischen Höhe und Niederschlag, die in Abb. 5 durch die für den Zeit-

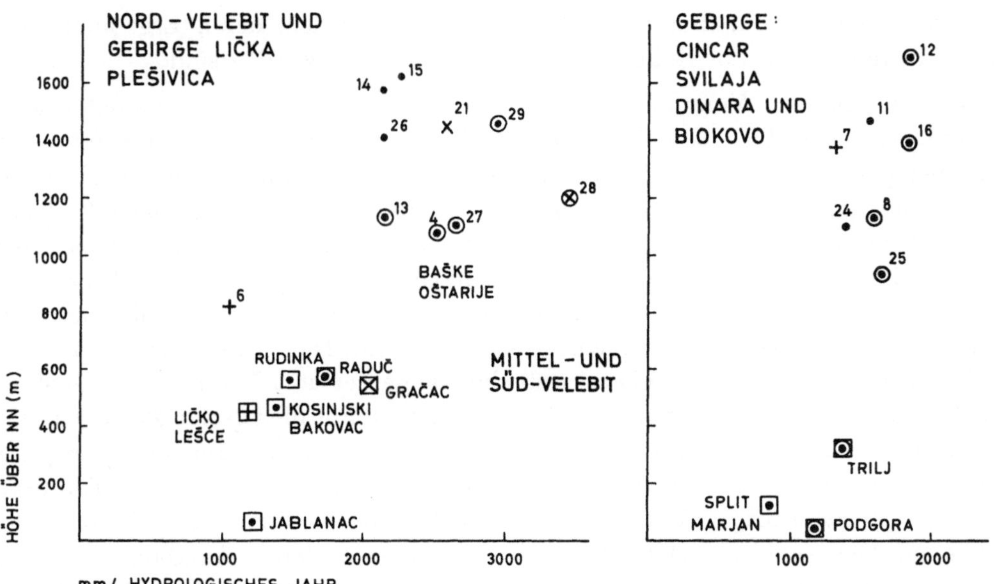

Abb. 6. Höhenabhängigkeit der Jahresniederschlagsmengen (mm) im Nord-Velebit und im Gebirge Lička Plešivica sowie im Mittel- und Südvelebit und in Dinarischen Gebirgen (Cincar, Svilaja, Dinara und Biokovo).

abschnitt 1947—1956 berechnete Gleichung $r = 1{,}84h + 1189$ angegeben ist, fügt sich gut in die neuesten Messungen mit Totalisatoren für den Zeitraum der hydrologischen Jahre 1949/50—1973/74 ein. In den Abb. 5 und 6 sind mit besonderen Zeichen (× und × in Kreisen oder Quadraten) die Totalisatoren und Ombrometerstationen gekennzeichnet, die sich auf der windgeschützten Lee-Seite in einer bestimmten Entfernung vom Hauptkamm befinden, auf deren Luv-Seite es zu einer ergiebigen Zunahme des Niederschlags mit der Seehöhe kommt. Die Daten im Totalisator in Lividraga, wie auch die von Gerovo zeigen, daß auf den windgeschützten Stellen, in kleiner Entfernung vom Hauptkamm, mit Rücksicht auf die Meereshöhe, die größten Niederschlagsmengen vorkommen. Diese Erscheinung der Niederschlagszunahme im sogenannten Mikrorelief [18] findet man auch im Nord-Velebit (Totalisator Nr. 21 Budina kosa) und Süd-Velebit (Totalisator Nr. 28 Bunovac und Ombrometerstation Gračac); man wird daher der Verteilung des Niederschlags auf den windgeschützten Stellen der Hauptkämme entlang dem Adriatischen Meer besondere Aufmerksamkeit widmen müssen.

Der Abb. 6 entnimmt man, daß der mittlere und südliche Teil des Velebit-Gebirges — dem Gorski kotar in Kroatien folgend — die größte Zunahme des Niederschlags mit der Höhenlage aufweist. Darauf hat bis 1963 auch das Ombrometer der Station Baške Oštarije (925 m) hingewiesen; aber erst mit der Aufstellung der Totalisatoren auf Visočica (1460 m) und Bunovac (1200 m) ist es möglich geworden, die Mengen des Niederschlags für dieses Gebirgsgebiet des Velebits zuverlässiger festzustellen. In den Dinarischen Gebirgen sind die Unterschiede in der Zunahme des Niederschlags infolge der Höhenlage nicht so ausgeprägt, doch man kann die Zunahme der Niederschlagsergiebigkeit für das Gebirge Svilaja von der im Gebirge Dinara und Biokova unterscheiden.

Die Verwendbarkeit der gemessenen und reduzierten Werte des Niederschlags mit Totalisatoren kann, außer durch unmittelbare Vergleichsmessungen mit verschiedenen Regenmessern, auch durch Untersuchung der relativen Homogenität der Jahresniederschlagsmengen mit Hilfe gleichzeitiger Beobachtungsreihen anderer Totalisatoren oder benachbarter Ombrometerstationen festgestellt werden, deren Ergebnisse bei den durchgeführten Totalisator-Reduktionen nicht verwendet worden sind.

Dies ist unter der Voraussetzung möglich, daß es sich um ein in klimatischer Hinsicht einheitliches Gebiet handelt. Da die Änderungen der Verteilung der Jahresniederschlagsmengen im ganzen Gebiet Kroatiens nicht gleichmäßig verteilt sind, habe ich eine Gruppierung der Totalisatoren und der Ombrometerstationen nach Teilgebieten vorgenommen. Für jeden Totalisator und jede Ombrometerstation ist für das einzelne hydrologische Jahr die Abweichung vom langjährigen Normalwert in Prozenten berechnet worden. Zur besseren Übersicht sind in Abb. 7 für einzelne Teilgebiete nur die Werte von einigen Totalisatoren eingetragen worden. Die graphischen Darstellungen für die einzelnen Teilgebiete zeigen, daß die Gänge der mit Totalisatoren gemessenen jährlichen Niederschlagsmengen den Gängen der Jahresniederschlagsmengen ähnlich sind, die an den Niederungsstationen (die in Abb. 2 mit vollem Namen eingetragen sind) mit Ombrometern gemessen wurden. Daraus ergibt sich, daß die mit den Totalisatoren gemessenen Niederschläge für die praktischen Zwecke als verwendbar betrachtet werden können. Die graphische Darstellung in Abb. 7 besagt, daß in den Jahren mit ergiebigem Niederschlag in den Niederungsgebieten dort auch ergiebigere Niederschlagsmengen vorkommen können als im Gebirge. Auf ähnliche Niederschlagsinversionen haben schon F. Lauscher und M. Roller [19] in ihrer Untersuchung der Niederschlagsverteilung auf der Nord- und Südseite und auf dem Kamm der Hohen Tauern hingewiesen. Die Abb. 7 zeigt auch, daß sich die Änderungen von Jahr zu Jahr in einem Makrorelief abwickeln.

Wenn auch die Niederschlagsmessungen mit Totalisatoren gewissen Schwierigkeiten und Fehlern unterliegen, die man auch durch Anwendung von Standard-Regenmessern nicht völlig abschaffen kann, liefern uns die Ergebnisse der Vergleichsmessungen auf Sljeme und Zavižan genügend Angaben darüber, mit welcher Genauigkeit man in Kroatien rechnen kann, wenn man die mit Totalisatoren gemessenen Niederschlagsmengen verwenden will. Meine Meinung ist, daß die Totalisatoren bis 1200 m Seehöhe im Mittel um 2% mehr Niederschlag aufweisen als der Regenmesser (200 cm^2). In den einzelnen Jahren kommen kleinere oder größere Abweichungen vor, die durch einen mehr oder weniger großen Anteil des Schneeniederschlages bedingt sind oder auch als Folge von längeren oder kürzeren Trockenperioden auftreten. Diese Ergebnisse unterstützen die Meinung von H. Hoinkes [20], daß die richtig aufgestellten Totalisatoren gute Ergebnisse liefern, solange sie überwiegend Niederschlag im flüssigen Zustand sammeln, daß es aber durch die Zunahme der Windstärke im Winter mitunter zu ungenauen Messungen kommen kann.

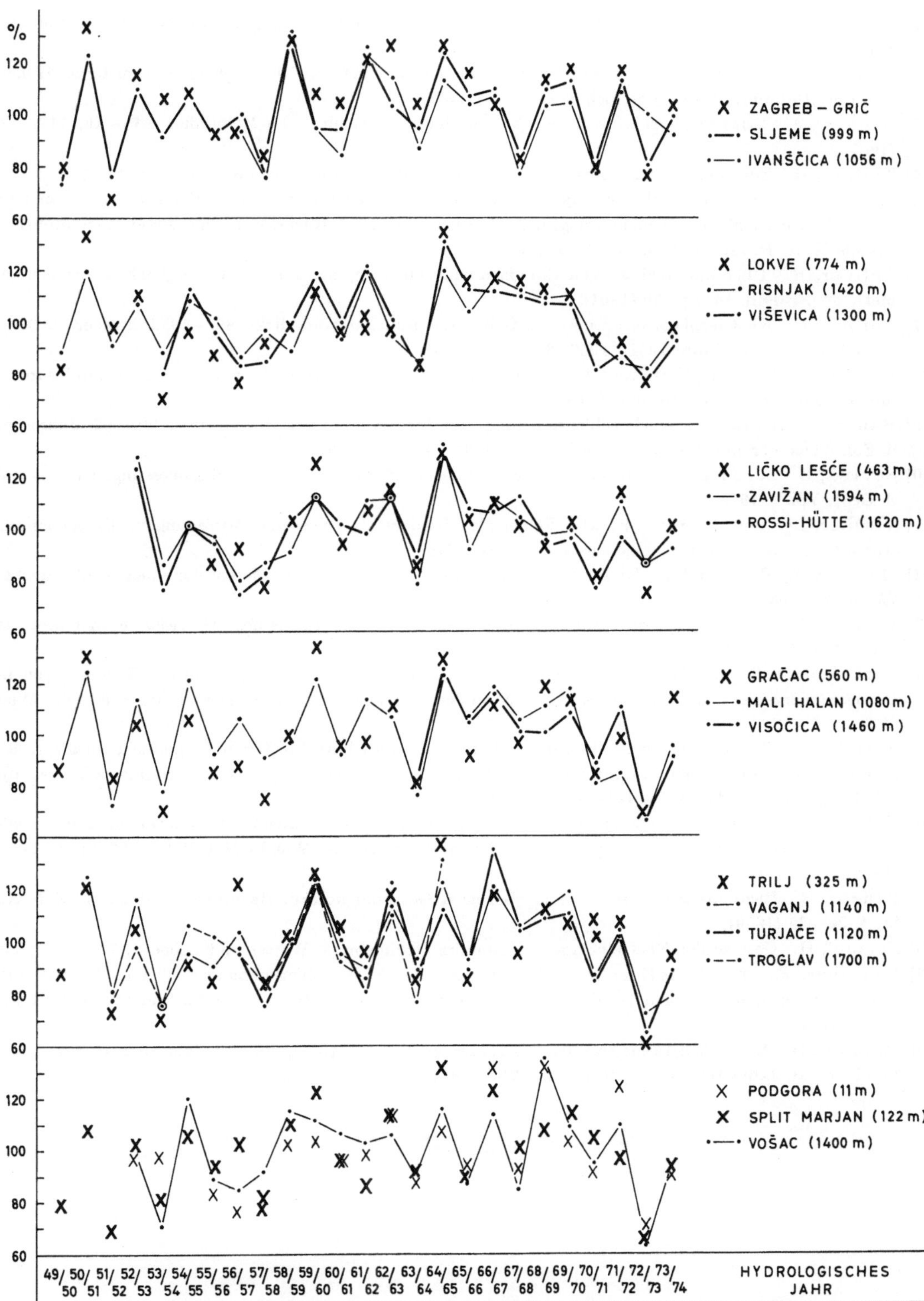

Abb. 7. Die Abweichungen der Niederschlagsmengen in den einzelnen Jahren in Prozenten der Mittelwerte der Jahressummen der hydrologischen Jahre 1949/50—1973/74.

Literatur

[1] Grunow, J.: Probleme der Niederschlagserfassung und ihre Bedeutung für die Wirtschaft. Meteorol. Rdsch. **9**, 62 (1956).

[2] Paulczinsky, W., und H. Tollner: Zur Methode der Messung von Niederschlägen in mittleren Höhenlagen des Gebirges. Wetter und Leben **9**, 4—10 (1957).

[3] Grunow, J.: Erfassung des winterlichen Niederschlags im Gebirge. La Météorologie **45—46**, 117—126 (1957).

[4] Tollner, H.: Zur Niederschlagsmessung in den Alpen. Wetter und Leben **8**, 173—180 (1957).

[5] Kirigin, B.: Doprinos problemu mjerenja oborine u planinskim predjelima, II Savjetovanje meteorologa FNRJ za planinsku meteorologiju 9—10 septembra 1957, Rasprave i prikazi Hidrometeorološkog zavoda N. R. Hrvatske br. 4, 41—42, Zagreb, 1959.

[6] Tollner, H.: Über die Realität von Standard-Ombrometern, beurteilt nach Vergleichen mit neueren Methoden, Rdsch. **14**, 25—30 (1961).

[7] Tollner, H.: Niederschlagsverhältnisse im Gebiet des Rauriser Sonnblicks. 49.—50. Jahresber. d. Sonnblick-Vereines f. d. Jahre 1951—1952, S. 13—18, Wien 1954.

[8] Heigel, K.: Über die Korrektur des Niederschlagsdefizits bei Verwendung von Chlorcalciumlösung in Monatstotalisatoren. Wetter und Leben **12**, 375—377 (1960).

[9] Bauer, F.: Beitrag zur Niederschlagsmessung mit Totalisatoren im Hochgebirge. 60.—62. Jahresber. d. Sonnblick-Vereines f. d. Jahre 1962—1964, S. 31—46, Wien 1966.

[10] Sevruk, B.: Zur Frage der Korrekturen systematischer Fehler der Niederschlagsmessung. Rivista Ital. di Geof. Vol. I, 1975.

[11] Vischer, D., und B. Sevruk: Die Fehler der Niederschlagsmessung. Mitteilungen. Eidgenössische Anstalt für das forstliche Versuchswesen, Bd. **51** (1975).

[12] Mercanton, P. L., und R. Billwiller: Annalen der Schweizerischen Meteorologischen Zentralanstalt **72**, Zürich, 1935.

[13] Kirigin, B.: Über eine Konstruktionsänderung des Totalisatorauslaufes. Geofisica e meteorologia, Vol. XI, 148—150, Genova 1963.

[14] Mitterecker, F., und H. Tollner: Ergebnisse von Niederschlagsmessungen mittels Totalisatoren im Großglocknergebiet. 58.—59. Jahresber. d. Sonnblick-Vereines f. d. Jahre 1960—1961, S. 50—67, Wien 1963.

[15] Kirigin, B.: Rezultati mjerenja oborine u planinskim predjelima SR Hrvatske pomoću totalizatora s posebnim osvrtom na njihovu upotrebljivost. Zbornik radova povodom proslave 20 godina rada i razvoja HMS Jugoslavije 1947—1967, 423—453, Beograd 1962.

[16] Kirigin, B.: A contribution to the problem of precipitation measurements in mountainous areas. Geilo Symposium Distribution of precipitation in Mountainous Areas, WMO/OMM Publ. 326 (2), p. 1—12 (1972).

[17] Penzar, B.: Razdioba godišnjih količina oborine u Gorskom kotaru. Rasprave i prikazi HMZ NRH, br. 4, 29—39 (1959).

[18] Friedel, H.: Gesetze der Niederschlagsverteilung im Hochgebirge. Wetter und Leben **4**, 73—86 (1952).

[19] Lauscher, F., und M. Roller: Die Schwankungen der Niederschlagsabhängigkeit von der Seehöhe, beurteilt nach dreißigjährigen Totalisatoren-Beobachtungen in den Hohen Tauern. Wetter und Leben **8**, 180—187 (1956).

[20] Hoinkes, H.: Neue Niederschlagszahlen aus zentralen Ötztaler Alpen. 49.—50. Jahresber. d. Sonnblick-Vereines f. d. Jahre 1951—1952, S. 19—27, Wien 1954.

Naturforschungen auf den Kanarischen Inseln von Humboldt bis zur Gegenwart

Von FRIEDRICH LAUSCHER, Wien

Mit 4 Abbildungen

Januar/Februar 1975 bereisten meine Frau und ich vier der sieben Kanarischen Inseln. Vorher und nachher bemühten wir uns, die einschlägige Literatur zu studieren. Einige eigene Überlegungen, Berechnungen und Wetteranalysen schlossen an. Über all dies soll nachstehend in den Grundzügen berichtet werden.

1. Aus der Zeit der Forschungspioniere

Christoval Colón (Christoforo Colombo, geb. 1446 oder 1447 in Genova) verweilte vom 12. August bis 6. September 1492 mit seinen Schiffen Santa Maria, Pinta und Niña in San Sebastián auf der Insel Gomera, bevor er von dort zu seiner kühnen Fahrt „nach Indien" aufbrach. Am 12. Oktober 1492 landete er auf einer der Bahama-Inseln (wahrscheinlich Watling, von ihm San Salvador genannt). Er hat zeitlebens nicht erkannt, daß er einen neuen Kontinent entdeckt hatte.

Als Grund seines Aufenthaltes auf Gomera wird angegeben, daß am Steuer der Pinta ein Schaden zu beheben war. Ich halte die sehr menschliche Annahme für möglich, daß er am 15. August 1492 mit seiner treuen Geliebten, Beatrix de Bobadilla, der Gouverneurin der Insel, den 4. Geburtstag ihres Sohnes Fernando feiern wollte. Am 24. dieses Monats sah er übrigens einen Ausbruch des Pico de Teyde. Noch heute zeigt man in San Sebastián eine „Casa de Colón" und die aus jener Zeit stammende kleine Festung „Torre del Conde".

Der Sohn, Fernando Colón, erwies sich später als sehr begabter Forschungsreisender und war im Alter Begründer der großen Bibliothek „Columbina" in Sevilla.

Alexander von Humboldt war am 22. Juni 1799 auf dem 3717 m hohen Pico de Teyde. Er wohnte längere Zeit auf dem Sitio de la Paz oberhalb von Puerto de la Cruz an der Nordseite von Teneriffa, nicht sehr weit von dem 1788 gegründeten Botanischen Garten von Orotava entfernt. Am Ostrand des Orotava-Tales, beim „Humboldt-Blick" zum Teyde, steht eine Gedenktafel mit schönen Sätzen aus Humboldts Tagebuch, u. a.: „... ich muß gestehen, nirgends ein so mannigfaches, so anziehendes, durch die Verteilung von Grün und Felsmassen so harmonisches Gemälde vor mir gehabt zu haben".

Alexander von Humboldt kennzeichnete die verschiedenen Höhenstufen der Vegetation, den untersten, etwa 500 bis 1000 m hohen warmen Gürtel, die anschließend bis rund 1500 m reichende „Zone der Wolken", der durch den Nordost-Passat verursachten Hangnebel, und die darüber liegende, zum Teil wüstenhafte Zone „über den Wolken".

Leopold von Buch und Christian Smith, der berühmte deutsche Geologe und der norwegische Botaniker, erforschten vom Mai bis Oktober 1815 die Inseln sehr gründlich und veröffentlichten ihre Resultate in einem umfangreichen Werke und einem beigegebenen Atlas-Band. Hierüber und über die Leistungen vieler weiterer Forscher findet man mehr in einem hervorragenden Buche von M. Schwarzbach [1]. Eine 1020 Zitate umfassende botanische Bibliographie der Kanarischen Inseln gab P. Sunding 1973 in Oslo heraus [2].

2. Aus der Frühzeit der Gebirgsmeteorologie

Während bis rund 1500 m Höhe zumindest im Sommerhalbjahr der NE-Passat vorherrscht, fand Alexander von Humboldt auf dem Teydegipfel bei einer Temperatur von 0° C heftigen Westwind. Aus dem 19. Jahrhundert gibt es Wetterberichte vom Gipfel von neun Ersteigern des Teyde, gesammelt von Julius von Hann [3]. Bei unterschiedlicher Stärke kam fünfmal Wind aus West, zweimal aus Südwest und zweimal aus Nordost. Damals wagte es niemand, von der Vorstellung eines „Antipassats" abzugehen und die Gipfelregion des Teyde der Westwindzone zuzuweisen. (Als ich am Vormittag des 21. Januar 1975 den Gipfel betrat, herrschte bei einer Temperatur von + 7° C nur gelinder Wind aus Südwest oder West, oft zu schwach, um die Schwefeldünste des Gipfelkraters zu zerstreuen.)

Daß die Höhenwinde auf Teneriffa aus Westen oder Nordwesten kommen, sieht man m. E. auch daraus, daß die Bims-Tuffe der Caldera Explosion nur im Osten bis Süden der Insel abgelagert wurden (siehe Abb. 26,3 in [1]).

Es verdient festgehalten zu werden, daß der Vizedirektor der Centralanstalt für Meteorologie und Erdmagnetismus in Wien Carl Fritsch und Begründer phänologischer Forschungen in Österreich am 30. Mai 1863 auf dem Teyde war und 1866 eine Publikation über Wetter und Klima der Kanarischen Inseln herausbrachte [4].

In seinem bekannten Handbuch der Klimatologie [5] zitiert Julius von Hann in Band III, Seiten 60—63 weitere einschlägige Bearbeitungen, insbesondere auch die von H. Christ [6] noch genauer ausgearbeitete Humboldtsche Gliederung des Klimas nach den drei Höhenstufen. Klimatische Mittelwerte (Temperatur, Bewölkung, Tage mit Niederschlag, Höhe des Niederschlags) bringt Julius von Hann jedoch tabellarisch nur für vier Orte, Las Palmas, Sta. Cruz de Tenerife, den botanischen Garten Orotava und das 550 m hohe La Laguna, die frühere Hauptstadt der Insel Teneriffa. (Daten aus Laguna 1811—1818 hat schon Dove verwertet.)

Eine leider in Vergessenheit geratene Großtat meteorologischer Forschung waren die Pyrheliometermessungen von Knut Ångström und O. Edelstamm in verschiedenen Seehöhen auf der Insel Teneriffa in den Jahren 1895 und 1896 [7]. Im Jahresbericht des Sonnblick-Vereins für 1903 findet man einen Vergleich der Intensitäten der Sonnenstrahlung auf dem Pico de Teyde mit den von F. M. Exner auf dem Sonnblick gemessenen Werten [8]. Der schwedische Erfinder des „Kompensationspyrheliometers" und sein Mitarbeiter machten vergleichende Meßserien in der Nähe des Gipfels (3692 m), auf dem astronomischen Meßplatz Alta Vista (3252 m), an einem Punkt des Riesenkraters der Caldera de las Cañadas (2125 m) und in einem Ort nahe der Südküste namens Guimar (360 m).

Aus den Messungen zu Ende Juni/Anfang Juli errechnete ich die sehr niedrigen Werte des Trübungsfaktors nach F. Linke: Pico de Teyde 1,62, Guimar 2,64, Zwischenschicht: spezifischer Trübungsfaktor 4,95. Die relativ trockene Luft auf der Leeseite ist im allgemeinen sehr klar. Immerhin sei nicht verschwiegen, daß im Sommer seltenemale Hitzewellen afrikanischer Luft (mit Temperaturen gegen 40 °C) auch Dunst heranführen.

Im Sommer 1904 segelte H. Hergesell mit einer Forschungsjacht in den Gewässern um die Kanarischen Inseln [9]. Er beschreibt außer dem durchschnittlich 7 m/sek betragenden Nordost-Passat, der freilich an den Kaps bis 22 m/sek anwachsen kann, Seewinde von rund 8 m/sek und vereinzelt noch heftigere Landwinde (bis 14 m/sek). Im allgemeinen melden aber die meteorologischen Stationen an den Küsten nur Windstärken um den Beaufortgrad 2, wobei oft Lokalwinde vorherrschen, insbesondere Landwinde im Winterhalbjahr [10].

H. Hergesell ist die Einrichtung von Bergstationen auf Teneriffa zu verdanken. Sein Mitarbeiter R. Wenger war von 1910 bis 1911 auf der Insel und betrieb, gestützt auf sein Observatorium Cañadas, 2100 m, Thermographenstationen auch auf Guajara, 2700 m, und in der Nähe des Gipfels des Pico de Teyde, 3700 m. Das genannte Observatorium wurde von 1912 bis 1915 durch den spanischen Wetterdienst weitergeführt, dann aber — zur Vermeidung zu großer Lokaleinflüsse in dem Riesenkrater — nach Izaña, 2367 m, auf den östlichen Kraterwall hinauf verlegt. H. v. Ficker [11] hat die Temperaturwerte dieser vier Hochstationen, zusammen mit denen von neun Basisorten, einheitlich bearbeitet. Schon vorher war durch B. Tzschirner [12] in dem Jahresbericht des Sonnblick-Vereins für 1924 ein Überblick über die Ergebnisse der Registrierungen gegeben worden. Hieraus sei hier nur die große, zwischen — 17,8 und + 29,7° C liegende Gesamtschwankung der Lufttemperatur im Cañadas-Kessel hervorgehoben.

3. Synoptische Studien

Eine leider auch in modernen Spezialwerken nicht gewürdigte Pionierleistung auf dem Gebiete der synoptischen Klimatologie vollbrachten ab 1918 A. Jury und G. Dedebant mit ihrer Klassifikation der Wettertypen von Marokko [13]. Diese Typen sind bis zu einem gewissen Grade auch noch für den Raum der Kanarischen Inseln aussagekräftig. Folgende Lagen werden unterschieden:

Typ A	Azorenhoch bis Marokko (ergibt Schönwetter, auch auf den Kanarischen Inseln, im Winter oft über einen Monat lang anhaltend)
Typ B 1	Polarfrontzyklone über Spanien, zieht nach Deutschland (meist Schönwetter auf Kanarischen Inseln)
Typ B 2	Sekundärzyklone eines Tiefs über den Britischen Inseln (Kaltlufteinbrüche auf Kanarischen Inseln, meist mit Trogbildung)
Typ B 3	Polarluftvorstoß auf der Rückseite eines Italientiefs (zumindest Marokko wird noch erfaßt)
Typ B 4	Seichte Tiefbildungen südlich eines ausgedehnten Hochs von den Azoren bis Mittelrußland (geringe Störung des Schönwetters)
Typ C 1	Sommerliches Schönwetter mit Meeresbrisen (auf den Kanaren ungestörter Passat)
Typ C 2	Seichtes Tief bei Hoch von den Azoren bis Mitteleuropa (ähnlich Typ B 4)
Typ C 3	Seichtes Tief bei Hochdruck über West- bis Südosteuropa (im Sommer heiße Ostwinde, auch auf den Kanaren)

Alle diese Typen wurden durch Wetterkarten illustriert.

Auch die Arbeit von A. Roschkott [14] aus der Festschrift 1926 der Zentralanstalt für Meteorologie und Geodynamik enthält sehr eindrucksvolle Bilder der Wetterlagen im Raum der Azoren bis über die Kanarischen Inseln hinaus für den Zeitraum vom 18. bis 26. Februar 1916: Aus der Hochzelle über den Azoren entstand bis zum 22. Februar 1916 ein geschlossener Tiefkern über den Kanarischen Inseln, der bis zum 26., sich vertiefend und ausbreitend nach Frankreich und Mitteleuropa, abzog. Natürlich brachte die Rückseite dieses Tiefs einen Kaltluftvorstoß zu den Kanarischen Inseln, den A. Roschkott auch durch die Beobachtungen der Bergstation Izaña auf Teneriffa, 2367 m, belegte.

Systematisch mit Hilfe aller Klimastationen dieser Insel studierte H. v. Ficker [15] die 73 Kaltlufteinbrüche auf den Cañadas in den Jahren 1912 bis 1916, in denen die Temperatur um 14 Uhr von einem Tag zum nächsten um mindestens 5° C fiel. Es waren fast ausschließlich „maskierte" Kaltlufteinbrüche, bei denen in Küstennähe die maritim beeinflußte Temperatur sich kaum änderte, auf den Höhen aber Abkühlung, im Winter oftmals mit Schneefall auftrat. Dabei herrschte oben oft Sturm aus Nordwesten. (Als Maximum der Windgeschwindigkeit auf Izaña wird in neuester Zeit 200 km/h angegeben.)

Ficker hat seiner Publikation keine synoptischen Karten beigefügt. Ich habe daher mit Hilfe der bekannten Historical Weather Maps [16] für die sechs Fälle aus Fickers Werk mit den stärksten Niederschlägen, welche im Verein mit den Kaltluftvorstößen auftraten, die Wetterlagenabfolgen studiert. Tab. 1 enthält die Hauptergebnisse.

Tabelle 1. Niederschlagshöhen in mm in Cañadas, 2100 m, und in Guimar, 370 m, und Wetterlagen für sechs ausgewählte Fälle von Kaltluftvorstößen zu den Kanarischen Inseln aus den Jahren 1912 bis 1915

Nr.	Datum	Niederschlag in mm Cañadas	Guimar	Lage des maßgebenden Tiefdruckkerns
1.	3.—4. Feb. 1912	58,5	1,0	nordwestl. Spanien, Rinne
2.	20.—21. Aug. 1912	51,7	20,8	Britische Inseln und westl. Mittelmeer, Rinne von dort
3.	19.—20. Dez. 1912	71,2	14,5	Azoren, später bei Kanaren
4.	10.—11. Nov. 1913	18,0	55,7	nordwestl. Spanien, Rinne
5.	21.—22. Nov. 1914	**84,2**	29,3	Azoren, später bei Madeira
6.	29.—30. Jan. 1915	55,3	**68,0**	westl. Spanien, Rinne

Zu Fall 1: Schon am 1. Feb. 1912 war ein T 980 mb zwischen den Azoren und Spanien gelegen, das sich bis zum 4. auf 970 mb vertiefte und in den Raum nordwestlich von Spanien verlagerte. In Trogbildungen bis 18° N drangen mehrfach Kaltluftstaffeln zu den Kanaren vor. Auch als sich das Haupttief am 8. zu den Britischen Inseln verlagerte, entwickelten sich aus einem neugebildeten Sekundärtief westlich von Spanien neue Kaltluftstaffeln.

Zu Fall 2: Schon am 18. Aug. 1912 bildete sich aus einem Trog über Spanien eine nach dem westlichen Mittelmeer, später nach Dalmatien ziehende Sekundärzyklone aus, während sich das Haupttief zur Nordsee zu verlagern begann. Die Rinne zu den Kanaren ist im synoptischen Bild wenig ausgeprägt.

Zu Fall 3: Ein Tief über Norwegen mit Rinne zum westlichen Mittelmeer weitete sich am 17. Dez. 1912 auf den Atlantik aus, schon am 18. reichte die Rinne bis zu den Kanarischen Inseln, ein Sekundärtief verlagerte sich rasch von den Azoren zu den Kanaren, wo es mit einer Kerntiefe von 1000 mb am 21. am deutlichsten vorhanden war. Am 22. zog es sich über Madeira nach Südspanien zurück, worauf am 23. über den Kanaren Hochdruck wieder hergestellt war.

Zu Fall 4: Das Tief 980 mb nordwestl. von Spanien hatte sich am 9. bis zu den Azoren ausgedehnt, später aber über die Britischen Inseln nach Mitteleuropa verlagert. Mehrfache Kaltluftstaffeln brachen zu den Kanaren auf.

Zu Fall 5: Aus einem T 1000 mb nordwestlich von Spanien stieß schon am 17. Nov. 1914 Kaltluft nach Süden vor. Bis 19. umfaßte das Tiefdruckgebilde den Raum von den Azoren bis Westmarokko, hatte am 21. seinen Kern mit 990 mb über Südspanien, am nächsten Tage über Südfrankreich. Hervorgehoben sei die

Neubildung einer Welle an der Kaltfront direkt über den Kanarischen Inseln, worauf vielleicht die besonders hohen Niederschläge, sowohl auf den Höhen als auch an der Südostseite der Insel Teneriffa, zurückzuführen sind.

Zu Fall 6: Am 27. Jan. 1915 entwickelte sich aus einem Teiltief 990 mb über der Biskaya eine breite Tiefdruckrinne und am 29. ein Tiefkern 1000 mb westlich von Spanien, der bis 31. nach Algier abzog. Auch in diesem Falle dürfte die Kaltfront auf Teneriffa schleifend verlaufen sein, daher länger verweilt haben, woraus der besonders hohe Niederschlag in Guimar resultierte.

Eine moderne Klassifikation der Wettertypen der Kanarischen Inseln hat Huetz De Lemps gegeben [17]. Er unterscheidet die Typen:

A. Maritimer Passat als Auswirkung des atlantischen Hochs, u. zw. nach der Bewölkung unterhalb der Inversionsfläche:
- AA. sehr schwach bewölkt
- AB. Stratocumuluswolkendecke (mittlere Bewölkungsdichte)
- AC. stark bewölkt

B. Kontinentaler saharischer Wind aus Osten, ohne Wolken, u. zw.:
- BB. Hitzewelle
- BC. gemäßigte Temperaturen

C. Störungen mit starker Bewölkung, u. zw.:
- CC. Einbruch maritimer polarer Luft aus Norden bis Nordwesten (sch. = schwache, mi. = mittlere, st. = starke Intensität)
- CD. Einbruch maritimer tropischer Luft aus Süden bis Südwesten (sch. = schwache, mi. = mittlere, st. = starke Intensität)
- CE. sonstige Störungen tropischer Herkunft

Aus einer überaus interessanten Schrift des Göttinger Botanikers Franco Kämmer [18], auf die noch zurückzukommen sein wird, können wir die Häufigkeit dieser Wettertypen im Mittel der vier Jahre 1953, 1961, 1963 und 1964 berechnen (siehe Tab. 2).

Tabelle 2. Mittlere Häufigkeit der Wettertypen nach der Klassifikation von Huetz De Lemps auf den Kanarischen Inseln in Tagen pro Jahr

Typ	AA	AB	AC	BB	BC	Csch	Cmi	Cst	Dsch	Dmi	Dst	E
Tage	19	142	23	27	37	53	30	1	8	13	7	5
Summen		A 184		B 64			CC 84			CD 28		CE 5

Die Typengruppe A = Maritimer Passat überwiegt, vor allem im Sommerhalbjahr. Die stärkere Ausprägung des Nordost-Passats auf den Kanarischen Inseln im Sommer im Vergleich zum Winter versteht man schon, wenn man die Luftdruckkarten für Januar und Juli in den Lehrbüchern der Meteorologie vergleicht (siehe Abb. 1). Die Kanaren befinden sich zwar ganzjährig auf der Südseite des Subtropenhochs, aber im Winter ist wohl das Islandtief sehr ausgeprägt vorhanden, doch erscheint das Azorenhoch in den Mittelkarten nur als Hochdruckbrücke zum großen innerasiatischen Hoch. Der relativ tiefe Druck über dem Mittelmeer tritt deutlich hervor. Im Sommer ist der Kern des Azorenhochs sehr kräftig entwickelt und steht in deutlichem Gegensatz zum Monsuntief über Vorderindien. Zwischen diesen beiden Aktionszentren strömt die Passatluft aus Nordosten an den Kanaren vorbei.

Der auf dieser Inselgruppe vorherrschende Typ des Passats entspricht in Marokko mehreren Typen, vielleicht nach Jury und Dedebant deren Wetterlagen A, B 1, B 4, C 1 und C 2. Der kanarische Typ B = saharischer Wind kommt dem Typ C 3 nach

Jury und Dedebant gleich. Bei den tropischen Beeinflussungen auf den Kanaren (Typen CD und CE nach Huetz De Lemps) können in Marokko wohl die dortigen Wetterlagen B 1, B 2, B 4 oder C 2 vorkommen. Die Einbrüche maritim polarer Luft auf den Kanaren bei Typ CC (in Marokko Typ B 2 oder B 3) entsprechen natürlich auch den von Roschkott und Ficker behandelten Vorgängen.

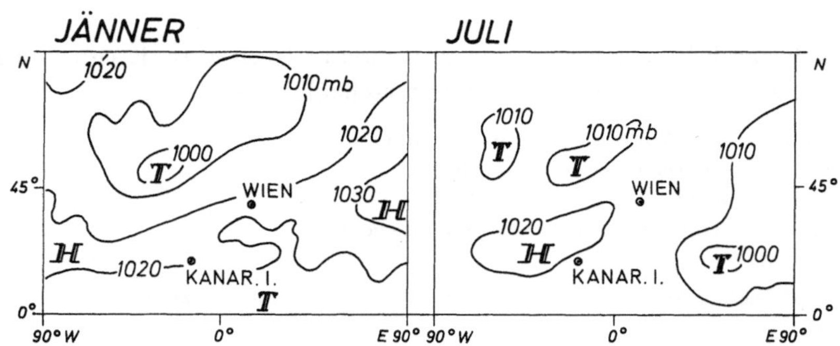

Abb. 1. Skizze der Druckverteilungen im Januar und Juli zur Veranschaulichung der Tatsache, daß das Sommerhalbjahr die Hauptzeit des Passates auf den Kanarischen Inseln ist.

Wir persönlich erlebten vom Abend des 21. Januar bis zum Morgen des 22. Januar 1975 einen Kaltluftvorstoß zu den Höhen von Teneriffa, bei dem bis etwa 1800 m herab Schnee fiel. Es war ein Fall CCmi. nach der kanarischen Typisierung bzw. B 3 nach den Wetterlagen für Marokko. In der Wetterkarte sieht man eine Tiefdruckrinne, von Südfrankreich nach Südwesten zurückhängend bis zu den Kanarischen Inseln.

Am Sonntag, dem 2. Februar zeigte sich auf Teneriffa überhaupt kein Wölkchen. Ein Blick auf den Himmel genügte, und das Flugwetter bis zum Mittelmeerraum war dem synoptisch Geschulten klar: Der Hochdruck war weit nach Süden verlagert, daher mußte auch die Westwindzone weit südlich liegen, somit war Tiefdruck über Spanien und zumindest dem westlichen Mittelmeer zu erwarten (Typ AA nach der kanarischen, B 1 nach der marokkanischen Klassifikation).

Ohne Zweifel könnte man heutzutage mit Hilfe der Satellitenbilder die Wettervorgänge auf den Kanarischen Inseln, sowohl im Zusammenhang mit der Großwetterentwicklung wie in allen Details auf den einzelnen Inseln und ihren Luv- und Leeseiten, genauer studieren als dies aus den Extensobeobachtungen einzelner Stationen zu den Zeiten Roschkotts und Fickers möglich war. Für eine quantitative Behandlung der Probleme bleiben natürlich die Daten von Bergstationen weiterhin unentbehrlich.

4. Studien über das Vegetationsklima

Auf den Luvseiten der Kanarischen Inseln überwiegt das Mittelmeerklima Csa nach Wl. Köppen, wegen der Wärme des Winters schon nahe zur Region As. Auf den Leeseiten und auf den östlichen Inseln Lanzarote und Fuerteventura herrscht Steppenklima BS. Edaphisch ergibt der Lavaboden und die Lufttrockenheit auf den Cañadas vielfach wüstenhafte Bedingungen. Man ist der Ansicht, daß die Waldregion auf der Nordseite der Insel Teneriffa ihre Existenz den Passatwolken verdankt. Die umfangreichen und überaus gründlichen Studien von Franco Kämmer [18] aus den Jahren 1969 bis 1972 brachten jedoch viele neue Aufschlüsse über das Vegetationsklima dieser Insel und zwangen zu mancherlei Berichtigungen älterer Auffassungen. So wären etwa die meisten Teile der Insel von Natur aus bewaldet, ausgenommen baumfreie Trockenzonen in der Hochregion und an der gesamten SW-, S- und SE-Küste. Die jetzt vor allem auf das Anaga-Gebirge im NE beschränkten Lorbeerwälder gäbe es an der Nordseite überall vom Meer weg, zum Teil schon mit den auch heute höhere Regionen und südliche Hänge bevorzugenden Pinus canariensis-Beständen gemischt.

Die Rodungen für Siedlungen und landwirtschaftliche Nutzung führten aber nicht zu einer Verödung des Landschaftsbildes, ganz im Gegenteil: Die „Zone unter den Wolken" auf Teneriffa trägt nur auf Trockenstellen Blatt- und Stamm-Sukkulenten, wie Opuntien, Euphorbia can., Agaven, Aloen und den berühmten Drachenbaum Dracaena draco. Auf feuchteren oder bewässerten Stellen gedeihen die kanarische Palme (Phoenix jubae), Eucalyptus, Araucarien, der Papayabaum mit seinen melonenartigen Früchten usw., sowie teils wild in den ausgedehnten Pflanzungen chinesischer Zwergbananen (Musa Cavendishii), teils gärtnerisch gepflanzt hohe Stauden von Euphorbia pulcherrima (Weihnachtsstern), Strelitzia (Papageienblume), Hibiscus, Bougainvillien usw. Angebaut werden ganzjährig Tomaten, Kartoffel, Gemüse, usw.

Aus der „Wolkenzone" wären neben den Wäldern aus Laurus can. und denen aus Pinus can. (mit 30 cm langen Nadeln und Exemplaren bis 30 m Höhe) noch die bis 20 m hoch werdenden Bäume von Erica arborea zu nennen, sowie am unteren Waldrand Edelkastanien, Mandelbäume, Pleiomaris usw.

In der „Zone über den Wolken" bestimmen das Bild der „Retama" Ginsterbüsche (Spartocytisus nubigenus), das im Winter dürre Büschelgras Triodia irritans (nach [19]), Cheiranthus scoparius (nach H. Walter [20]) sowie Krüppelbäume und Stauden von Pinus can., Wacholder (Juniperus cedrus) und der im Mai bis zu 3 m hohe Blütenstände hervorbringende Natternkopf (Tajenastre, Echium bourgaeanum). Das Teyde-Veilchen soll zu dieser Zeit seine gelben Blüten bis auf 3500 m Höhe zeigen. Weite Strecken, wie etwa im Tal von Ucanca oder auf Lavaströmen, sind in den Cañadas allerdings praktisch vegetationslos.

Wir wollen hier schon festhalten, daß der Ausdruck „Zone über den Wolken" wohl unter dem Eindruck der sommerlichen Passatwolken geprägt wurde. Im Winter gibt es diese Wolken wohl auch recht häufig, aber auch auf Hochhängen des Teyde sieht man mitunter Stauwolken und selbst der Gipfel war mehrfach in Wolken gehüllt. Auch R. Wenger berichtete (siehe [10]) von relativ häufigem Vorkommen von Cumulus und Nimbus im Herbst, Winter und Frühjahr während seines Aufenthaltes auf den Cañadas in den Jahren 1910 und 1911. Nur im Sommer waren diese Wolkenarten recht selten.

5. Der Nebelniederschlag auf Teneriffa

Nach den amtlichen meteorologischen Stationen auf der Insel liegen die Normalwerte der jährlichen Niederschlagshöhen zwischen etwa 200 und 700 mm. Zudem sind sie praktisch auf das Winterhalbjahr beschränkt. Man nahm daher seit Humboldts Zeiten an, daß die Lorbeer- und auch die Kiefernwälder vornehmlich deshalb so gut gedeihen, weil sie aus den treibenden Passatwolken Wassertröpfchen abfangen. Messungen dieses „Nebelniederschlages" wurden 1918 von J. V. Perez [21] veröffentlicht. Einige weitere Zitate aus der spanischen botanischen Fachliteratur findet man bei Kämmer [18]. Franco Kämmer selbst, unterstützt durch die örtlichen forstlichen und meteorologischen Dienststellen, hat über ein Jahr lang 25 Nebelfänger nach J. Grunow, vor allem an der Luvseite Teneriffas, in Betrieb gehalten. Überdies studierte er an vier Stellen mit Hilfe von sehr zahlreichen (an zwei Stellen je 50) Kleinregenmessern den im Wald zum Boden kommenden Niederschlag.

In Abb. 2 ist das Netz von Nebelfängern skizziert und zugleich durch Einzeichnung der Isohypsen von je 1000 m Höhe ein Einblick in den Höhenaufbau der Insel Teneriffa gegeben.

Für Tab. 3 haben wir die Größen des zusätzlichen Nebelniederschlags (von Kämmer vorsichtigerweise nur „Meßdifferenz“ genannt) auf Jahreswerte umgerechnet. Zudem haben wir die Orte nach der Seehöhe geordnet.

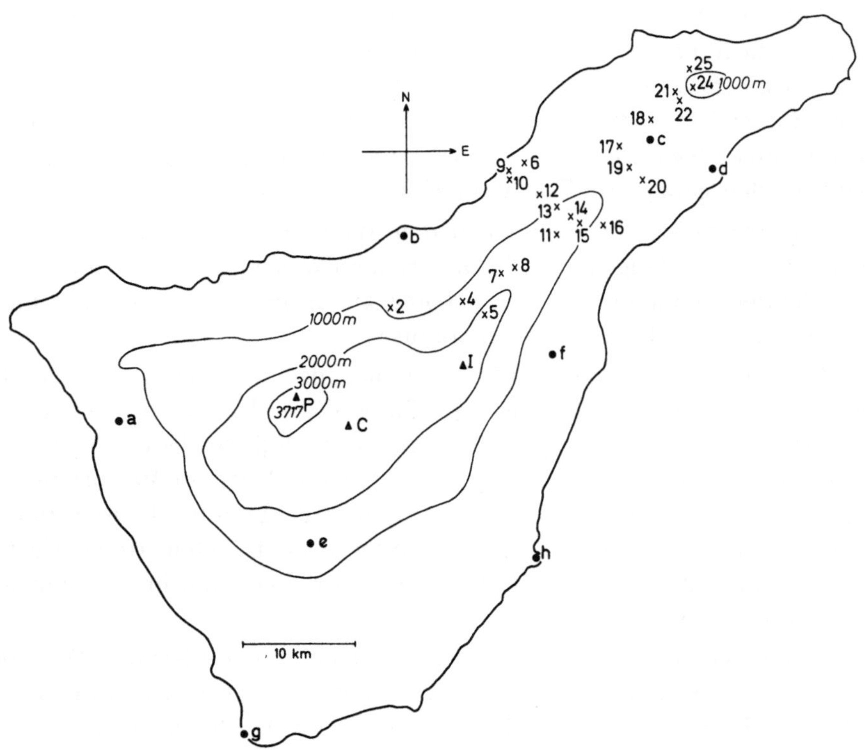

Abb. 2. Skizze der Insel Teneriffa mit Isohypsen im Abstand von je 1000 m. Mit Ziffern sind die Niederschlagsmeßstellen des Sondernetzes von Kämmer [18] bezeichnet, mit Buchstaben die folgenden im Texte genannten Orte: P = Pico del Teyde, 3717 m, I = Izaña, 2367 m, C = Cañadas, 2125 m (Guajara, 2700 m, liegt östlich oberhalb der Cañadas, Alta Vista, 3252 m, auf der „Rambleta“, einem älteren Kraterrand südöstlich des Pico del Teyde); a = Tamaimo, 575 m; b = Puerto de la Cruz, 50 m (am südöstlichen Ortsrand befindet sich der in älteren Schriften Orotava zugeordnete Botanische Garten, 100 m); c = La Laguna, 550 m (unweit westlich davon der Flugplatz Los Rodeos, 641 m); d = Santa Cruz de Tenerife, 37 m; e = Vilaflor, 1516 m; f = Guimar, 360 m; g = Faro de Rasca, 20 m; h = Faro de Abona, 20 m.

Die gewöhnlich gemessenen, vertikalen Niederschläge schwanken an den Luvseiten Teneriffas zwischen 520 mm an der Station 9, der landwirtschaftlichen Schule San José ober der Steilküste zwischen dem Flugplatz Los Rodeos und Puerto de la Cruz und 1300 mm an den Stationen 24 und 11. Platz 24 ist Cruz del Carmen, 980 m hoch im Anagagebirge, Platz 11 Las Lagunetas, 1450 m, auf dem Höhenrücken der Cumbre, der Wasserscheide der Insel.

Die zusätzlichen Nebelniederschläge, die „Meßdifferenz“, auch „horizontale Niederschläge“ genannt, liegen zwischen „nur“ 100 mm an der Meßstelle 4, der für den Waldschutz auf der Insel bedeutenden Casa Forestal de Aguamansa, 1060 m hoch an der Straße von Puerto de la Cruz zu den Cañadas gelegen und dem hohen Wert von 5910 mm, an der Station 5, der 2020 m hoch gelegenen Montana Ayosa auf der Cumbre, kaum 3 km von Aguamansa entfernt. Diese kurze Distanz genügt offenbar, um aus dem windarmen Waldgebiet auf die oft sturmumtosten Höhen zu kommen, wo geeignete Objekte, wie auch der Nebelfänger, aus dem starken Strom treibender Wolken besonders viele Tröpfchen abfangen können.

Tabelle 3. Niederschlagshöhen (N in cm) und zusätzliche Nebelniederschlagshöhen (H = „horizontaler" Niederschlag in cm) pro Jahr (errechnet aus den Daten des Sondernetzes von Franco Kämmer auf der Luvseite der Insel Teneriffa)

Stationsnummer	Seehöhe in m	N in cm	H in cm	H/N in %
9	225	52	11	21
10	408	66	13	20
6	442	68	11	16
Mittel	358	62	12	19
20	510	56	14	25
18	573	83	26	31
19	595	56	31	55
17	625	83	54	65
Mittel	576	70	31	44
22	780	106	74	70
25	788	93	91	98
12	810	96	25	26
16	862	72	24	33
21	930	111	66	59
13	950	116	30	26
24	980	**130**	294	256
Mittel	871	103	86	83
4	1065	88	10	11
15	1085	101	58	57
2	1200	78	16	21
14	1225	92	175	190
11	1405	**130**	107	82
Mittel	1196	98	73	75
8	1640	96	314	327
7	1743	93	528	568
5	2020	89	**591**	**653**
Mittel	1801	93	478	514

Alle Stellen mit mehr als 1000 mm Nebelniederschlag (24, 14, 8, 7, 5) liegen auf der Wasserscheide. Das Studium der Nebelniederschläge in der Retama wäre eine neue reizvolle Aufgabe. Auch diese für Zwergbäume, Gräser und Ginsterbüsche, zufolge starker Bestrahlung und Temperaturtagesschwankungen sowie Lufttrockenheit und zeitweise tobenden Stürmen, extrem schwierige Klimaregion lebt vielleicht vom Nebelniederschlag. Kämmer hat ihn auch auf Felsen der Hochregion beobachtet. Weshalb wohl hat ein einsichtiger Botaniker die dortige Art der Ginsterbüsche mit dem Zusatz „nubigenus" versehen? Es könnte also sein, daß auch die „Zone über den Wolken" nur durch die Wirkung zeitweiser Wolken trotz meist durchlässigen Bodens eine stellenweise immerhin ganz reichliche Vegetation aufweist.

In Abb. 3 sind die Einzelwerte und Mittelwertskurven in Abhängigkeit von der Seehöhe für drei Arten von Niederschlagsmessungen dargestellt: 1. Normalwerte der jährlichen Niederschlagshöhe in mm der Stationen des amtlichen Netzes. Sie liegen zwischen nur 129 mm am Faro de Rasca an der SW-Küste der Insel und 680 mm am Flugplatz Los Rodeos, 630 m, an der Straße von der Hauptstadt Santa Cruz de Tenerife nach Puerto de la Cruz. Am Luftkurort Vilaflor, 1516 m, südlich der Cañadas, fallen nur 510 mm im Jahr, auf dem Bergobservatorium Izaña, 2367 m, sogar noch etwas weniger, allerdings, wie wir meinen, vielleicht zufolge des störenden Windes. Vielleicht würde

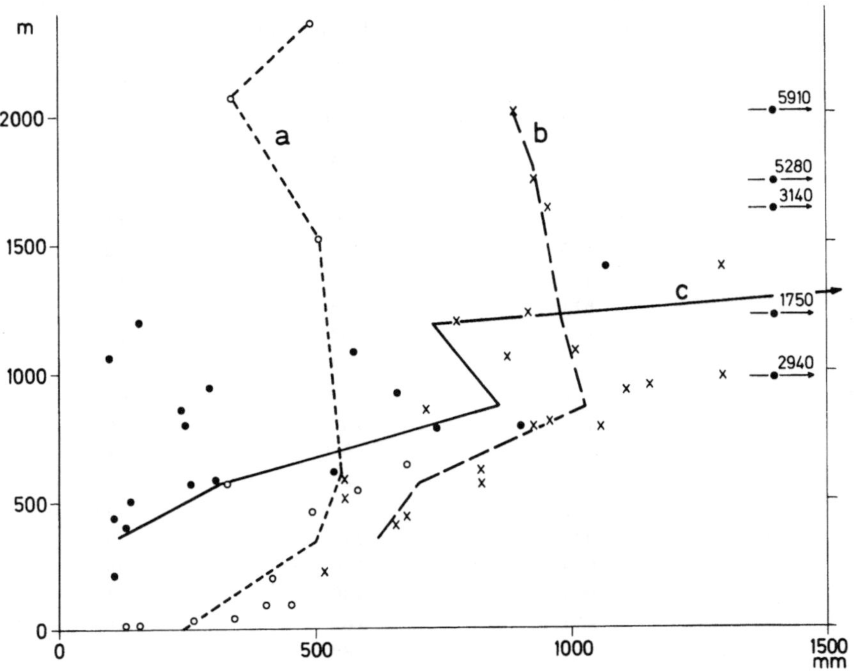

Abb. 3. Beziehungen zwischen den jährlichen Niederschlagshöhen in mm und der Seehöhe in m auf Teneriffa, getrennt dargestellt a) für die Normalwerte der meteorologischen Stationen (○); b) für das auf der Luvseite der Insel (vgl. Abb. 2) aufgestellte Sondernetz von Franco Kämmer [18] (×); c) für die zusätzlichen, mit Nebelfängern nach J. Grunow gemessenen Nebelniederschläge (●) („horizontaler Niederschlag“, von Kämmer einfach „Meßdifferenz“ genannt). Beträge über 1500 mm pro Jahr sind nicht mehr im Diagramm dargestellt, sondern in den betreffenden Höhen am Rand angeschrieben. Die Linienzüge sind lineare Verbindungen von Gruppenmitteln.

sich die Aufstellung eines Totalisatorennetzes auch in den Höhenregionen von Teneriffa empfehlen. Jedenfalls würde man nach den amtlichen Meßstellen schließen, daß die Insel insgesamt recht trocken ist. In allen Lehrbüchern der Klimatologie finden sich die entsprechenden Daten und Beurteilungen.

Durch das Sondernetz Kämmers kann jedoch gezeigt werden, daß in den Luvlagen mittlerer Höhe auf Teneriffa der Niederschlag auch ohne Berücksichtigung des Nebelniederschlags etwa doppelt so groß ist als man ihn nach den amtlichen Messungen einschätzen müßte.

Der Nebelniederschlag in der „Zone der Wolken“ ändert diesen Charakter eigentlich weniger als man bisher vielleicht angenommen hatte. Er bringt allerdings — von Ort zu Ort sehr verschieden — gewisse weitere Zusätze an Feuchtigkeit, doch muß man noch untersuchen, wieviel hiervon die einzelnen Baumarten wirklich aufnehmen, wie groß die Interzeption im Kronenraum ist und wieviel dem Boden zukommt.

Franco Kämmer hat hierüber subtile Beobachtungen angestellt und u. a. etwa folgendes gefunden: Zweige von Erica, auch von Pinus beginnen nach wenigen Minuten zu tropfen, solche von Laurus hingegen selbst nach langer Exposition kaum. Gerade in den Lorbeerwäldern ist also die Interzeption groß und der Wassergewinn des Bodens bleibt relativ kleiner. Eucalyptus nimmt besonders viel Nebelniederschlag auf und gibt ihn auch an den Boden ab. — Auch die Rückseiten von Blättern fangen Nebeltröpfchen ab.

Die Abszisse der Abb. 3 reicht nur bis 1500 mm. Die exzessiven Werte der fünf Meßstellen in Kammhöhe wurden in den betreffenden Seehöhen am Rand angeschrieben.

Im Mittel von 17 Stellen an den Luvhängen finden wir folgenden Durchschnitt: Seehöhe 780 m, Niederschlag 860 mm, Nebelniederschlag 390 mm (45%). Im Mittel der 5 Meßstellen am Kamm gilt: Seehöhe 1500 m, Niederschlag 1000 mm, Nebelniederschlag 3810 mm (381%).

Im Mittel der vier mikroklimatischen Versuchsfelder von Franco Kämmer kann man folgende Zahlenwerte errechnen: Niederschlag im Freiland 1002 mm (100%), Freiland + Nebelfänger 2446 mm (245%), im Wald 1446 mm (145%), daraus Interzeption 1000 mm (100%).

6. Probleme der Landwirtschaft

Eine allgemeine Gliederung der 19 Hauptinseln der ostatlantischen Archipele nach reliefbedingten Klimatypen hat J. Matznetter gegeben [22]. Das Vorhandensein oder Fehlen von mächtigen Erhebungen bestimmt das Klima einer Insel mehr als etwa die Nähe zu Afrika. Die Aufwinde an Gipfeln lösen bei geeigneten Wetterlagen zum Teil erhebliche Tagesmengen des Niederschlags aus (vgl. Tab. 4), die Luvseiten empfangen beträchtliche Beträge an Stauregen und Nebelniederschlag. Der Pico de Teyde ragt am höchsten auf (3717 m), der Roque de los Muchachos auf der „grünen Insel“ Palma

Tabelle 4. Durchschnittliche jährliche Niederschlagshöhe (N in mm) und größte Tagesmengen $TNmax$ von einigen langjährigen Klimastationen der Kanarischen Inseln (aus [23]; Monate in Klammern beigefügt)

Ort	Insel	N	$TNmax$
Tefia	Fuerteventura	112	33 (I)
Las Palmas	Gran Canaria	226	**239** (XI)
Sta Cruz	Teneriffa	264	135 (X)
Orotava	Teneriffa	404	89 (V)
Sta Cruz	La Palma	439	94 (I)
Punta Orchilla	Hierro	132	79 (IX)

erreicht 2423 m, der Pico de las Nieves auf Gran Canaria 1980 m. Eine Mittelstellung nehmen Hierro mit einer Maximalhöhe von 1500 m und Gomera mit 1484 m ein, aber diese Höhen reichen für Waldgürtel an der Passatseite durchaus aus. Hingegen sind Fuerteventura (Höhen bis 800 m) und die „Feuerinsel“ Lanzarote (bis 600 m) semiarid.

Die intensivsten Niederschläge ereigneten sich zu allen möglichen Zeitpunkten während des Winterhalbjahres vom September bis Mai. Der exzessive Tageswert von Las Palmas übertraf sogar den dortigen Jahresnormalwert der Niederschlagshöhe.

Wildbäche in den „Barrancos“ bringen das nicht in den Boden einsickernde Wasser rasch zum Meer, wenn es nicht in Bewässerungsanlagen aufgehalten wird. Diese ermöglichen erst den ertragreichen Landbau und z. B. auch die 62 km² großen Bananenplantagen im Orotavatal. Schutzmauern dienen u. a. auch der Minderung des Einflusses der Meeresbrisen im Sommerhalbjahr (siehe die mikroklimatischen Untersuchungen bei Puerto de la Cruz durch R. und G. Knapp [24]).

Hier sei ein Gedankengang eingeschaltet, der sich aufdrängte, weil auf Teneriffa geklagt wurde, der Drachenbaum sei im Aussterben. Es gelinge nicht, neue Exemplare aufzuziehen. Vielleicht hatte der Baum vor der Waldrodung an der Nordseite der Insel günstigere ökologische Bedingungen. Vielleicht wuchs er als Randbaum eines lichten Waldes oder in trockenen, windarmen Lichtungen. Will man also den Drachenbaum retten, so müßte man erst einmal wieder in niedrigen Lagen Wald anpflanzen und dann die Stellen suchen, die für junge Dracaena draco günstig sind. In diesem Zusammenhang kann darauf verwiesen werden, daß auf S. 14 in [18] die Fundorte von Dracaena draco auf Teneriffa im allgemeinen durch Punkte gekennzeichnet sind, am Anaga-Vorgebirge, wo der Lorbeerwald mehrfach noch bis zum Meer hinunterreicht, jedoch durch einen Strich. Nach Klute-Wittschell-Kaufmann, Handbuch der Geogr. Wiss., Bd. Afrika war auch Madeira einst größtenteils bewaldet, und „an den Berghängen zeugen noch Drachen- und Lorbeerbäume, Pinien und Baum-Erika . . . von der einstigen Pracht“.

Die Bewässerungsanlagen sind um so notwendiger, als der Niederschlag von Jahr zu Jahr sehr variabel ist (siehe Tab. 5, berechnet mit Hilfe von Daten aus [18]).

Tabelle 5. Niedrigste (Min.), durchschnittliche (D) und höchste (Max.) jährliche Niederschlagshöhen von langjährigen Klimastationen auf Teneriffa [angegeben in mm und in Prozenten (%) der Durchschnittswerte]

Ort	Höhe in m	Min.	D	Max.	Min.	Max.
		(Werte in mm)			(Werte in %)	
Faro de Rasca	20	15	129	403	12	312
Faro de Abona	20	24	164	444	15	270
Santa Cruz	37	100	252	583	40	231
Tamaimo	575	126	332	917	38	277
Puerto de la Cruz	50	148	348	544	41	156
Izaña	2367	176	480	1402	37	292
Vilaflor	1516	137	510	1552	27	304
Los Rodeos	641	384	680	1101	56	162
				Mittel	33	251

Die Orte in Tab. 5 sind nach steigenden durchschnittlichen Jahresniederschlägen geordnet. An der Südküste kann es fast niederschlagsfreie Jahre geben. Deshalb denkt man — insbesondere auch im Interesse des ganzjährigen Fremdenverkehrs — an die Gewinnung von Wasser aus dem Meer. Eine solche Anlage in Las Palmas erbringt bereits Wasser für 40 000 Menschen. Natürlich ist sie sehr kostenaufwendig, während der umgekehrte Vorgang, die Salzgewinnung aus dem Meer, wie etwa auf Lanzarote, mit Hilfe der Sonnenstrahlung mühelos gelingt. In Santa Cruz de Tenerife gibt es seit Jahrzehnten eine Sonnenscheinregistrierung. Im Normaljahr scheint dort die Sonne 2892 Stunden (Januar 171, Juli 340).

Relativ am ausgeglichensten ist die Niederschlagstätigkeit an der Nordseite der Insel (Puerto, Rodeos). Aber ohne Bewässerung wären auch dort Trockenjahre katastrophal.

Die aus Tab. 6 ersichtlichen Quintilen-Grenzen des Niederschlags von Santa Cruz de Tenerife aus [25] deuten die jahreszeitliche Verteilung des Vorkommens von trockenen, normalen und nassen Monaten an.

Tabelle 6. Minimale (Min.) und maximale (Max.) Monatsniederschlagshöhen in mm in Santa Cruz de Tenerife sowie Werte der Quintilengrenzen (nach [25], 1./2. = Grenze zwischen der ersten und der zweiten Quintile usw.; Zahlen zumeist auf ganze Millimeter abgerundet)

Monate	Jan.	Feb.	März	April	Mai	Juni	Juli	Aug.	Sept.	Okt.	Nov.	Dez.
Min.	0	0	0	0	0	0	0	0	0	0,1	0	0,1
1./2.	12	5	0,2	2	0	0	0	0	0	3	13	4
2./3.	20	17	8	6	0,4	0	0	0	0	6	24	23
3./4.	37	33	16	10	2	0	0	0	0,5	17	48	41
4./5.	57	47	62	24	8	0	0	0	4	50	75	70
Max.	119	199	110	73	55	1,7	1,2	3,2	36	138	120	256

Ganzjährig können demnach niederschlagsfreie Monate vorkommen, im Mai und September ist dies etwa in der Hälfte aller Fälle notiert worden, im Juni bis August sogar in mehr als 80% aller Fälle. Selbst in den niederschlagsreichsten Monaten kommt dann praktisch nichts hernieder. Das Vorratswasser muß herhalten, an der Passatseite kommt allenfalls noch Nebelniederschlag hinzu.

Mengen von mehr als 100 mm/Monat gab es vom Oktober bis März in rund einem von zehn Jahren, die höchste Monatsmenge von 256 mm kam in Santa Cruz de Tenerife in einem Dezembermonat vor.

Die größten Wasserprobleme haben die östlichsten, weil niedrigsten Inseln der Kanaren. Auf Fuerteventura wird wohl Getreide angebaut, doch stellt sich ein Ertrag nur in niederschlagsreichen Jahren ein. Auf Lanzarote gibt es im Nordteil in der Nähe einiger etwas höherer Bergkuppen wohl etwas Feldbau, an Trockenstellen wird aber auch nur Opuntia feldmäßig gepflanzt, um die Cochenille-Läuse abzusammeln, welche nach wie vor einen wertvollen Ausgangsstoff zur Herstellung von Lippenstiften liefern.

Der agrarmeteorologisch interessanteste Anbau erfolgt im Süden der Insel Lanzarote, etwa in der Gegend von Yaiza. Mulden-Weingärten (siehe Abb. 4) möchten wir diese Art der Anpflanzung von Weinstöcken am Grunde von rund 2 m tiefen Mulden mit etwa 8 m Durchmesser nennen. Die niedrigen Rundmauern aus Steinen erscheinen von der Muldentiefe aus unter einem Erhebungswinkel von rund 25° gegen die Horizontale. Unwillkürlich erinnerte ich mich an meine 40 Jahre zurückliegenden Berechnungen zur theoretischen Mikroklimatologie. Damals hatte ich gefunden, daß ein Erhebungswinkel von 16° die stärkste nächtliche Abkühlung in einer Mulde ergibt.

In sehr engen Löchern behindern die Wände die Ausstrahlung gegen den Himmel, in sehr flache Mulden greift der Wind stärker ein. Auch die durch ihre Kälteexzesse bekannte Doline Gstettner Alm in Niederösterreich hat einen Öffnungswinkel von 148°, also vom Tiefstpunkt aus einen Erhebungswinkel von 16° zur Umrandung.

In unserem Klima nennt man so beschaffene Mulden „Frostlöcher". Man meidet sie für landwirtschaftliche Zwecke. Auf Lanzarate jedoch baut und erhält man sie unter großen Mühen, denn nur so kann man den Weinstöcken zum lebensnötigen Wasser verhelfen. Erstens sammelt sich — im Sinne der „kontrahierten Vegetation" nach H. Walter [20] — das wenige Regenwasser — zu einem unbekannten Teil — in der Muldenmitte. Er fällt allerdings nur im Winterhalbjahr, wo die Weinstöcke überwiegend Winterruhe haben. (Phänologische Daten sind mir nicht bekannt geworden.) Zweitens aber — und das wird als der wesentliche Faktor bezeichnet — gelingt es, in den nächtlich gegen die Umgebung unterkühlten Mulden aus der wasserdampfreichen Passatluft Kondenswasser abzufangen. Der vulkanische Sand läßt die Feuchtigkeit rasch eindringen und zur Wirkung kommen, bevor die Sonne wieder unbarmherzig auf die Oberfläche herunterbrennt.

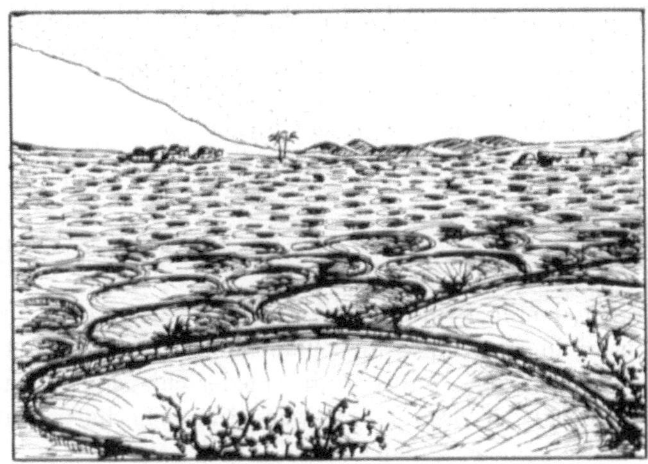

Abb. 4. Vielmulden-Weingärten bei Yaiza auf Lanzarote. (Der Durchmesser einer Mulde ist rund 8 m, die Tiefe rund 2 m.)

Man erinnert sich an H. Walters klassische Untersuchungen in der Nebelwüste Nahib: An 200 Tagen mit zumindest nächtlichem Nebel gab es dort pro Tag zwar nur Nebelniederschlag zwischen 0,1 und maximal 0,7 mm, und er drang an ebenen Flächen nur 2 bis 4 cm in den Sandboden ein. An Wänden jedoch wurde er bedeutungsvoll, sickerte zur Tiefe und ermöglichte eine gewisse kärgliche Vegetation.

Die agrarmeteorologischen Bedingungen der Mulden-Weingärten auf Lanzarote wären einer genauen Untersuchung wert. Zunächst können wir nur mit Hilfe der Normalwerte der Klimastationen aus [23] gewisse Überlegungen darüber anstellen, unter welchen Umständen die in der Passatluft gespeicherte Feuchtigkeit in Erscheinung tritt. Wohlbekannt ist die Erscheinungsform der Passatwolken. Nach der Henning-Formel kann man die Kondensationshöhe in der freien Atmosphäre im Jahresmittel der vier Orte Tefia, Las Palmas, Santa Cruz de Tenerife und Orotava zu 766 m errechnen. Im April liegt dieses Niveau mit durchschnittlich 910 m am höchsten, im August, der Hauptzeit des Passats, mit 656 m am niedrigsten. Ein Feuchtegewinn aus diesen Wolken ist auf den niedrigen Inseln Lanzarote und Fuerteventura nur an einigen wenigen Kuppen möglich, keinesfalls im Gebiet um Yaiza.

Ebenso wie die Kondensationshöhen kann man aus den Klimanormalwerten aber auch die mikroklimatischen Erforderniswerte für Taubildung berechnen. Wir verstehen darunter jene Unterkühlung unter die nächtlichen Minima in freien Lagen, welche in den Mulden erforderlich sind, damit wenigstens dort Taubildung einsetzen kann. Aus den gleichen Orten wie zuvor errechneten wir einen Betrag von knapp 2° C. Eine solche und noch etwas größere Unterkühlung der Muldentemperatur erscheint durchaus möglich. In Tab. 7 sind jahreszeitliche Mittelwerte der Mindest-Unterkühlung festgehalten.

Tabelle 7. Mikroklimatische Erforderniswerte für Taubildung in den Mulden-Weingärten auf Lanzarote (Differenzen zwischen den Taupunkten und den in freien Lagen normalen nächtlichen Tiefsttemperaturen in °C)

Winter	Frühling	Sommer	Herbst	Jahr
– 2,0	– 2,3	– 1,6	– 1,5	– 1,9

Literatur

[1] Schwarzbach, M.: Berühmte Stätten geologischer Forschung. Wiss. Verlagsges.mbH Stuttgart, 1970.

[2] Sunding, P.: A Botanical Bibliography of the Canary Islands. Univ. Oslo, 1973.

[3] Hann, J. v.: Die Windrichtung auf dem Gipfel des Pik von Teneriffa, Met. Z. 1906, 559–561.

[4] Fritsch, K.: Meteorologische und klimatologische Beiträge zur Kenntnis der Kanarischen Inseln. Petermanns Geogr. Mitt. 1866.

[5] Hann, J. v.: Handbuch der Klimatologie, Band III. Stuttgart 1897.

[6] Crist, H.: Met. Z. 1877, 139–140 und eine 1886 in Basel erschienene Schrift über das Klima der Kanarischen Inseln.

[7] Ångström, Knut: Intensité de la Radiation Solaire a différentes Altitudes. Recherches faites a Ténériffe 1895 et 1896. Nova Acta Reg. Soc. Sc. Ups. Ser. III, Upsala 1900.

[8] Obermayer, A. v.: Auf Bergobservatorien und Vorgänge in höheren Luftschichten bezüglich Publikationen im Jahre 1903. 12. Jahresber. d. Sonnblick-Vereins f. d. Jahr 1903, Wien 1904, 15–25.

[9] Hergesell, H.: Über lokale Windströmungen in der Nähe der Kanarischen Inseln. Met. Z. 1906, 556–559.

[10] Ficker, H. v.: Richtung von Wind und Wolken auf Teneriffa. Sitz.-Ber. Akad. Wiss. Wien, Abt. IIa, 135 Bd., 1926, 307–322. (S. 15–30 d. Festschr. d. ZAfMuG in Wien zur Feier ihres 75jährigen Bestandes im Jahre 1926).

[11] Ficker, H. v.: Temperatur und vertikale Temperaturabnahme auf Teneriffa. Köppen-Heft d. Annal. d. Hydr. u. maritim. Met. 1926, 27–32.

[12] Tzschirner, B.: Ergebnisse der Temperaturregistrierungen in drei Höhenstationen auf Teneriffa. XXXIII. Jahresber. d. Sonnblick-Vereins f. d. Jahr 1924, Wien 1925, 19–22.

[13] Jury, A., et G. Dedebant: Les Types de Temps au Maroc. Memorial de l'Office National de France, Paris 1925.

[14] Roschkott, A.: Studien über Luftdruckschwankungen im Gebiete des Azorenhochs. Festschr. d. ZAfMuG in Wien z. Feier ihres 75jährigen Bestandes im Jahre 1926, Wien 1926, 121–132.

[15] Ficker, H. v.: Der Vorstoß kalter Luftmassen nach Teneriffa. Veröff. d. Preuß. Met. Inst. Nr. 337, Abh. Bd. VIII. Nr. 5, Berlin 1926.

[16] Historical Weather Maps. Hefte 1912, II, VIII, XII, 1913, XI, 1914, XI, 1915, I.

[17] Huetz De Lemps, A.: Le climat des Iles Canaries. Publ. Fac. Let. Sc. Hum. Paris-Sorbonne. Ser. Recher. **54**, 1–224 (1969).

[18] Kämmer, Franco: Klima und Vegetation auf Tenerife, besonders im Hinblick auf den Nebelniederschlag. Scripta Geobotanica, Lehrstuhl f. Geobotanik d. Univ. Göttingen, Bd. 7, 78 S. (1974).

[19] Schmithüsen, J.: Allg. Vegetationsgeographie, 3. Aufl., Walter de Gruyter & Co., Berlin 1968.

[20] Walter, H.: Die Vegetation der Erde in öko-physiologischer Betrachtung. Bd. I., 2. Aufl. VEB Gustav Fischer Verlag, Jena 1964.

[21] Perez, J. V.: Precipitation of Water from Mountain Mist by Means of Forest. Amigo del Arbol **8** (1918).

[22] Matznetter, J.: Die Inseln der ostatlantischen Archipele als reliefbedingte Klimatypen. Wetter und Leben **20**, 93–109 (1968).

[23] Tables of Temperature, Relative Humidity and Precipitation for the World. Vol. 1–6, Meteorol. Office, London 1958.

[24] Knapp, R., und G. Knapp: Über Luftfeuchtigkeit und Temperatur in Bananen-Plantagen und anderen Pflanzenbeständen auf Tenerife (Canarische Inseln). Wetter und Leben **19**, 231–240 (1967).

[25] Climatic Normals for Climate and Climate Ship Stations for the Period 1931–1960. WMO No. 117 TP 52, Edition 1971.

Almwirtschaftlicher Strukturwandel und seine landschaftlichen Auswirkungen an der Südflanke des Tennengebirges

Von H. Riedl, Salzburg

Mit 3 Abbildungen

Bereits vor 2 Jahren [1] wurden die naturräumlichen Grundlagen des Bereiches der Alpinen Forschungsstation Samer Alm des Geographischen Institutes der Universität Salzburg skizziert. Damals wurde auch ein Forschungspunktekatalog im Rahmen des Unesco-Programmes „Man and Biosphere" gegeben. Im folgenden sollen die Ergebnisse ökogeographischer Untersuchungen des Jahres 1975 mitgeteilt werden, an denen J. Koschitz [2], H. Hartl [3] und O. Nestroy [4] wesentlichen Anteil hatten. Die besondere Problemstellung des ökogeographischen Forschungsansatzes besteht in der Herausarbeitung des Strukturwandels der im Untersuchungsgebiet seit dem 11.—12. Jahrhundert bestehenden Almwirtschaft und in der Prüfung der Auswirkung dieses funktionellen Wandels namentlich auf das Pflanzenkleid und den Boden des subalpin-montanen Lebensraumes.

Tabelle 1. Entwicklung der Almenzahl und Betriebstypen

	1908	1951	1974
Jungviehalm ohne Personal	4	4	11
Jungviehalm mit Personal	2	—	—
Milchlieferungsalm ohne Personal	—	1	1
Milchlieferungsalm mit Personal	1	1	1
Sennalm	9	10	3

Die Almwirtschaft der Gemeinde Werfenweng [2] wurde erst in den letzten 25 Jahren von einem tiefergreifenden Strukturwandel erfaßt. Die amtliche Almerhebung von 1951 zeigt noch die traditionellen Züge der Almwirtschaft, während die Erhebung von 1974 verschiedene seither eingetretene Strukturänderungen beweist. Tab. 1 zeigt, daß die Zahl der Almen zwischen 1908 und 1974 im Untersuchungsgebiet der Gemeinde Werfenweng gleichgeblieben ist; entscheidend ist jedoch bei Gleichbleiben der Gesamtzahl der Almen die Abnahme der Sennalmen von einem Anteil von 56% an der Almengesamtzahl im Jahre 1908 auf 19% im Jahre 1974. Auf Kosten der Abnahme der Sennalmen nahmen die Jungviehalmen ohne Personal von einem Anteil von 25% an der Gesamtzahl der Almen im Jahre 1908 auf 69% im Jahre 1974 zu. Somit besteht heute die Almwirtschaft in Form der intensiven Sennerei nur noch zu einem knappen Fünftel, während die Form der extensiven Galtvieh-Almwirtschaft heute mehr als $^3/_5$ der gesamten Almwirtschaft des Gebietes ausmacht.

Im Rahmen dieses Strukturwandels läßt Abb. 1 für jede einzelne Alm im zeitlich-genetischen Schnitt von 1908—1974 den betriebswirtschaftlichen Wandel gemessen an Großvieheinheiten erkennen. Dabei fällt auf, daß in den letzten 25 Jahren immer mehr Almbetriebe verpachtet werden, womit meist der Schwund der Sennerei verbunden ist,

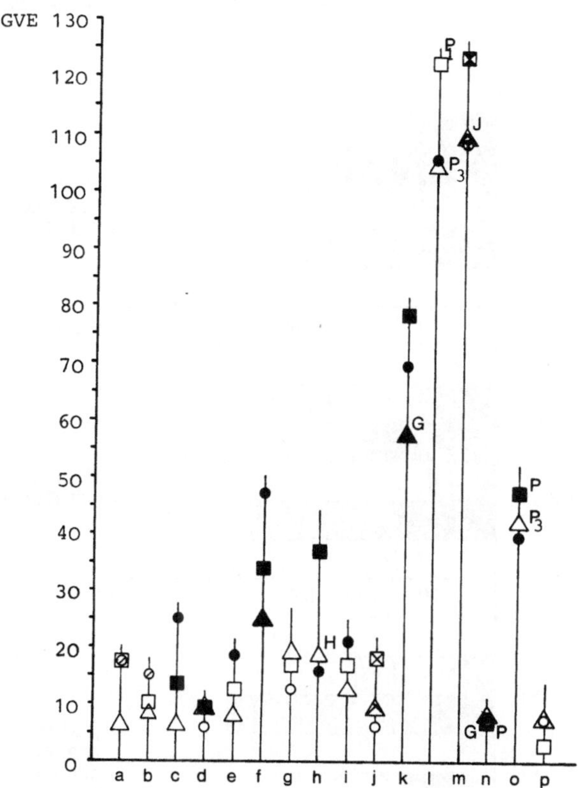

1908 1951 1974
● ■ ▲ Sennalm
Milchlieferungsalm mit Personal
Milchlieferungsalm ohne Personal
Jungviehalm mit Personal
○ □ △ Jungviehalm ohne Personal

Abb. 1. Betriebswirtschaftlicher Strukturwandel im Zeitraum 1908—1974. *a* Dacheggalm, *b* Reiternalm, *c* Fallenbachalm, *d* Ramsaurinalm, *e* Ramsaualm, *f* Bischlingalm, *g* Zaglauerbergalm, *h* Obere Strussingalm, *i* Untere Strussingalm, *j* Steineralm, *k* Ladenbergalm, *l* Mitterbergalm, *m* Wengeraualm, *n* Söldentalalm, *o* Elmaualm, *p* Ramsrinnalm. *H* Hotel, *J* Jausenstation, *G* Gasthaus, $P_{1/2/3}$ Verpachtete Alm mit Anzahl der Pächter. 1 GVE = 1 Großrind (Kuh, Stier, Ochs) von 500 kg Lebendgewicht, 2 Galtrinder, ½ Pferd, 6 Ziegen oder Schafe, 8 Schweine.

und außerdem fremdenverkehrswirtschaftliche Umwidmungen der Betriebe stattfanden. Aus Abb. 1 ist auch zu ersehen, daß hauptsächlich die kleinen Privatalmen von der Umwandlung zu Galtviehalmen ohne Personal erfaßt wurden, während von den 5 größeren Almen immerhin 3 von dem generellen Umwandlungstrend zu Jungviehalmen ohne Personal verschont blieben; darunter befinden sich alte, gemeinschaftlich bestoßene Almen (Agrargemeinschaftsalmen) wie die Ladenbergalpe, die trotz Beibehaltung des Sennereitypus am stärksten vom Fremdenverkehr durch Errichtung zahlreicher Zweithäuser erfaßt wurde.

Betrachtet man Abb. 2, in der die Weideausnutzung, differenziert nach Viehgattungen in den einzelnen Höhenstufen dargestellt wird, so kommen bereits komplexe Sachverhalte zum Vorschein:

1. Nehmen generell die aufgetriebenen Großvieheinheiten von 1908—1951 nur um 3% ab, wenn man 826 GVE des Jahres 1908 mit 100% gleichsetzt; zwischen 1951

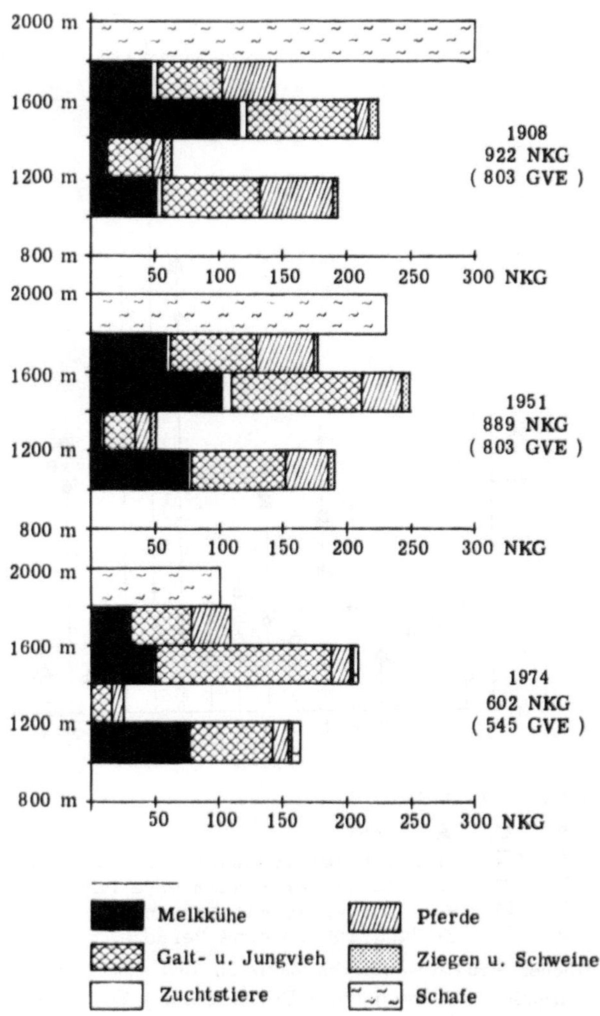

Abb. 2. Entwicklung der beweideten Almfläche nach Höhenstufen.

und 1974 jedoch herrschte eine Abnahme der Zahl der Großvieheinheiten um 24% (siehe auch Abb. 3 hinsichtlich des Verhaltens der aufgetriebenen Stückzahlen auf den einzelnen Almen).

2. Herrscht eine generelle Verminderung der Weideausnutzung von 1908—1974 um 35% (922 NKG des Jahres 1908 = 100%).

3. Dominiert 1908 in der Entwicklung der Weideausnutzung das hochalpine Mattenstockwerk der Schafalmen, das noch 1951 bedeutend war, obwohl damals bereits die Zone von 1400—1600 m Höhe die erstere Höhenstufe etwas übertroffen hat, was die Zahl der Normalkuhgräser anlangt.

4. Erlangt 1974 im Rahmen des nun voll in Gang gesetzten Strukturwandels die hochmontane-tiefsubalpine ökologische Höhenzone, verglichen mit allen anderen ökologischen Höhenstufen, die stärkste relative Weideausnutzung. Die absolute Abnahme der Weideausnutzung in dieser wichtigen Höhenstufe verläuft gegenüber 1908 nur geringfügig, was die ökologische Bedeutung dieser Stufe unterstreicht.

5. Wesentlich erscheint auch die Tatsache, daß 1974 trotz Reduzierung der Schafalmenhochweideausnutzung um $^2/_3$ seit 1908 die untere hochmontane Zone von 1000 bis 1200 m Höhe so wie 1908 an zweiter Stelle der Weideausnutzung der einzelnen Höhenstufen rangiert.

6. Von allen ökologischen Zonen wurde von der Umwandlung in Jungviehalmen ohne Personal das generell resistente Stockwerk von 1400—1600 m Höhe am stärksten betroffen, während sich die Melkkühe gegenüber 1951 in der Höhenzone 1000—1200 m im Jahre 1974 quantitativ gleich verhalten.

So lenkt die Interpretation der Abb. 2 den Blick auf die Struktur zweier Landschaftsräume hin: auf die Zone 1000—1200 m Höhe und 1400—1600 m Höhe. Diese beiden Höhenstufen haben heute noch größere Bedeutung für die Almwirtschaft. Im höheren Stockwerk vollzog sich am sichtbarsten der funktionelle Wandel der Almwirtschaft; im tieferen aber liegt ein merkwürdiger funktioneller Beharrungsraum vor. Was die Verflechtung mit naturräumlichen Faktoren anlangt, so zeigt H. Tollner [5], daß die Höhenzone von 1400—1600 m bereits oberhalb der intensiven Temperaturinversion des Karstsacktales der Wengerau liegt, an der die Stufe 1000—1200 m Höhe hohen Anteil hat. Die obere Almwirtschaftszone der Gemeinde Werfenweng (1400 bis 1600 m Höhe) bietet, wie die Auswertung der Temperaturaufzeichnungen zeigte, mannigfache Wärmegunstfaktoren, während die tiefere Almwirtschaftszone (1000—1200 m Höhe) des Karstsacktales mit seinem Dargebot großer, wenig geneigter Flächen gegenüber den um 25° geneigten südschauenden Hängen der oberen Zone im Durchschnitt der Monate Jänner, Februar, März und Dezember kälter ist. Der November ist immerhin noch gleich temperiert in beiden Zonen (Meßstation Forcher und Samer Alm). Im gesamten erweist sich die untere Almwirtschaftsstufe (1000—1200 m Höhe) als winterkalt bis kontinental getönt, während die obere Almwirtschaftszone (1400—1600 m Höhe) mit ihren südschauenden Steilhängen als winterlich temperiert-subozeanisch in Erscheinung tritt. In der wärmeren Jahreszeit können jedoch in dieser oberen Zone Überwärmungen durch Warmluftschläuche und warme Fallwinde vom Plateau des Tennengebirges eintreten. Ein höheres Maß an Ozeanität wird jedenfalls erst oberhalb der oberen Almwirtschaftszone (Meßstation Jochriedel) erreicht, wo die Inversion überhaupt keine Rolle mehr spielt. Immerhin zeigt auch die obere Almwirtschaftszone abends, nachts und am Morgen nach H. Tollner [5] noch kältere Umweltbedingungen, als sie die Rücken und Kämme um 1700 m offenbaren, womit sie im kontinental-ozeanischen Formenwandel, der hier einem hypsometrischen entspricht, eine Mittelstellung einnimmt.

Vergleicht man die Merkmale des almwirtschaftsgeographischen Strukturwandels mit seinen ökologischen Beziehungen mit anderen Räumen der Alpen, so kommen gleichartige, aber auch verschiedene Kennzeichen zur Geltung. Gemeinsam mit den von F. Zwittkovits [6] für Ostösterreich skizzierten Leitlinien der Almwirtschaft ist das Kriterium der Lage unseres Almgebietes an der Südflanke des Tennengebirges. Ähnlich wie in den steirisch-niederösterreichischen Kalkalpen liegen die Almen unseres Untersuchungsgebietes nicht im alpinen Grünland, sondern unterhalb der Waldgrenze [1]. Verglichen mit der ostösterreichischen Entwicklung der Almwirtschaft nahm die Zahl der Almen in der Gemeinde Werfenweng jedoch nicht ab, womit hier größere Ähnlichkeit mit der westösterreichischen Entwicklung der Almwirtschaft besteht, wo sich die Zahl der Almen und deren Lage wenig verändert hat.

Der Viehauftrieb (Abb. 3) ist in den letzten 25 Jahren auf allen Almen des Untersuchungsgebietes geringer geworden, aber niemals in dem Ausmaß der ostösterreichischen Entwicklung, in deren Rahmen ja auch die Weideausnutzung viel stärker als in unserem Untersuchungsgebiet zurückging. Hinsichtlich Viehauftrieb und Grad der

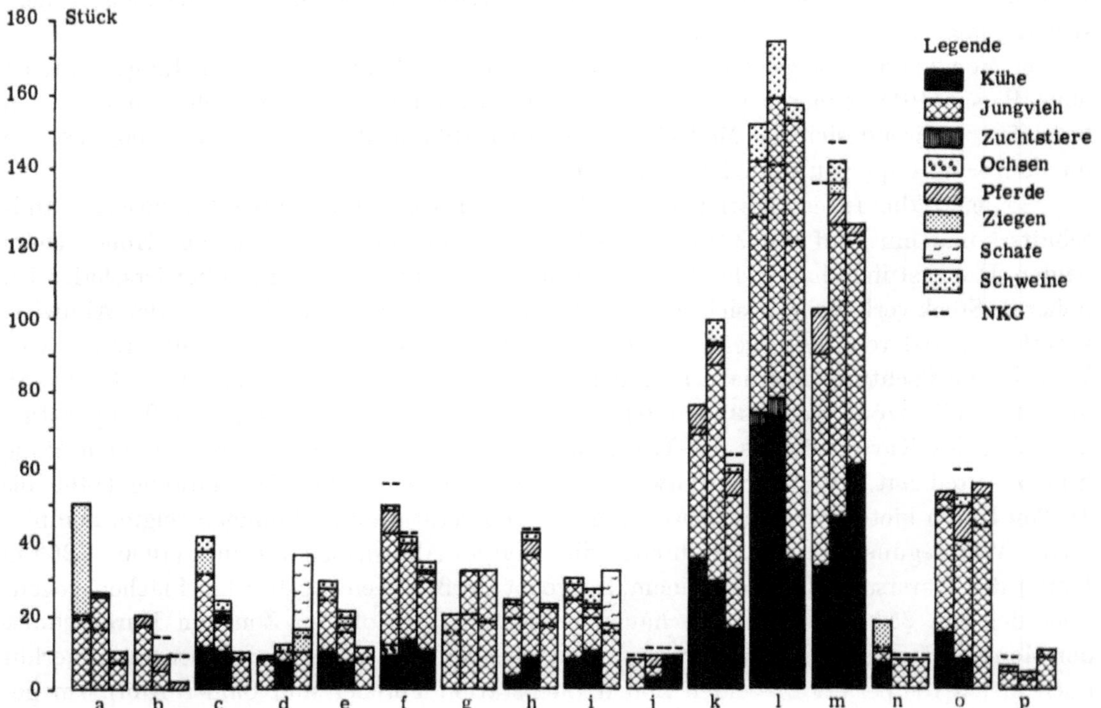

Abb. 3. Entwicklung des Viehauftriebs im Zeitraum 1908—1974 in Stückzahlen. Weideflächenentwicklung in *NKG*. *NKG* = 1 Großvieheinheit × 100 Weidetage im linearen Maßstab der Stückzahl. *a*, *b*, *c*, usw. wie in Abb. 1. Von den jeweils drei Säulen steht die linke für das Jahr 1908, die mittlere für das Jahr 1952 und die rechte für das Jahr 1974.

Abnahme der Weidenutzung nimmt unser Untersuchungsgebiet eine typische Mittelstellung zwischen westlicher und östlicher Entwicklung ein. Jedoch schließt sich hinsichtlich der Abnahme der Milchwirtschaft auf den Almen die Gemeinde Werfenweng enger an den Osten als an den Westen Österreichs an. Diesen Anschluß an den Osten machen jedoch die kleinen Privatalmen stärker mit als die großen Gemeinschaftsalmen des Untersuchungsgebietes, die in dem Übergewicht der Sennerei und der Milchlieferung mehr Ähnlichkeit mit den westösterreichischen Almverhältnissen aufweisen. So zeigt das Gebiet eine besitzgefügemäßige Differenzierung der betriebswirtschaftlichen Angleichung teils an den Westen, teils an den Osten Österreichs. Nur im Ausmaß der Zunahme der Gesamtzahl der Jungviehalmen ohne Personal in den letzten 25 Jahren zeigt das Gebiet insgesamt eine starke Ähnlichkeit zur östlichen almgeographischen Entwicklung, wo die Galtalmen ja auch bei weitem überwiegen.

Ähnlich kraß wie im Osten ist auch hier (Tab. 2) die Abnahme der Zahl des Almpersonals. Es hat sich in der Gemeinde Werfenweng zwischen 1908 und 1974 um mehr als die Hälfte verringert, wobei die Milchwirtschaft ähnlich Ostösterreichs von Frauen bewerkstelligt wird und nicht von Männern wie in den von Resmann-Spangenberg [7] bearbeiteten westösterreichischen Untersuchungsfällen der Oberpinzgauer Tauerntäler.

Schließlich ergeben sich auch im Verhalten der einzelnen Höhenzonen Vergleichsmöglichkeiten zur west-östlichen almwirtschaftsgeographischen Differenzierung. Betrachtet man die von F. Zwittkovits [6] erstellten Höhenverteilungsdiagramme des Aflenzer-Turnauergebietes oder der Dachstein-Südabdachung, so fällt die Bedeutungslosigkeit der unterhalb von 1400 m Höhe liegenden Almwirtschaftsräume ganz im Gegensatz zu unserem Untersuchungsgebiet auf. Die Gründe liegen wohl weniger im ökologischen Sektor als vielmehr auf sozialgeographischem Gebiet. In den ostösterreichischen Beispielsfällen erfolgte sogar vielfach in den in die Dauersiedlungsräume hinab-

Tabelle 2. Entwicklung des Almpersonals

	1908	1951	1974
Frauen	16	18	8
Männer	7	4	2

reichenden Höhenstufen in der industriellen Gründerzeit als Resultat der Abstiftung von Bergbauernhöfen eine Vergrößerung des Almwesens in Form von Halthuben, wenngleich die jüngste Entwicklung der letzten Jahrzehnte in dieser sozialgeographisch labilen Tiefenzone Ostösterreichs die Almwirtschaft am stärksten dezimiert hat, so daß heute die östlichen Tiefenzonen ganz im Gegensatz zur Gemeinde Werfenweng, wo der Aufkauf von Zulehen immer in bäuerlichen Händen verblieb, überhaupt nicht mehr almwirtschaftlich hervortreten.

In unserem Untersuchungsgebiet spielt in der unteren Almwirtschaftszone die Agrargemeinschafts-Wengeraualpe die größte Rolle. Sie hat sicher bereits um die Mitte des 18. Jahrhunderts bestanden und war hochfürstliches Eigentum. 1830 scheinen bereits 14 Anteilsberechtigte auf. Bis heute ist die Bewirtschaftsungsart völlig gleichgeblieben. Ein Teil des Viehs wird auf der Weide gemolken, während der restliche Teil zum Melken in die nahe gelegenen Heimgüter getrieben wird. Besitzrechtlich werden von einzelnen Mitgliedern Anteile von anderen Liegenschaften gepachtet; z. B. hat „Hinteroberlehen" 11 Anteile von der Liegenschaft Hinterfromm, die sich in adeligem Besitz befindet, gepachtet und davon wieder je zwei Anteile für das Stroblgut und für „Vorderoberlehen" vergeben. Dieses Beispiel soll zeigen, wie im Gegensatz zum ostösterreichischen Almenraum die tiefe Almwirtschaftszone des Untersuchungsgebietes innig mit der Genese des westösterreichischen Zulehen- oder Zuhubenwesens verknüpft ist, woraus das Beharrungsvermögen der tieferen Zone trotz klimageographischer Ungunstfaktoren abgeleitet werden kann.

Insgesamt gesehen nimmt unser Untersuchungsgebiet eine ausgesprochene Mittelstellung zwischen östlicher und westlicher Entwicklung der Almwirtschaft ein, wobei man wohl annehmen muß, daß die Gemeinde Werfenweng inmitten des Grenzsaumes der beiden Almwirtschaftshaupttypen zu liegen kommt.

Der Strukturwandel der Almwirtschaft der Gemeinde Werfenweng mit seiner spezifischen Rangposition genau in der Mitte der W—O-Differenzierung zeigt unmittelbare Auswirkungen auf verschiedene Landschaftsbereiche und mittelbare über die Aktivitäten des durch den almwirtschaftlichen Wandel in Wert gesetzten Fremdenverkehrs.

Aus den bisher dargelegten Sachverhalten resultiert, daß Änderungen des Landschaftshaushaltes am stärksten in der Höhenstufe von 1400—1600 m zu erwarten sind, da sich hier die stärkste betriebswirtschaftliche Umstrukturierung von der Sennerei zum Jungviehbetrieb ohne Personal innerhalb des letzten Vierteljahrhunderts vollzog. Die Richtung der Beeinflussung der Vegetation durch den jungen Strukturwandel läuft entgegengesetzt zur Beeinflussungsdynamik der Vegetation durch die jahrhundertelang geübte traditionelle Sennerei-Almwirtschaft. Bei dieser herrschte künstliches Senken der Waldgrenze und Entstehung von Almweiden mit Sekundärgesellschaften vor. Nach den Untersuchungen von H. Hartl [3] entwickelte sich im Zuge der alten, traditionellen Almwirtschaft an Stelle von subalpinen-hochmontanen Waldgesellschaften auf Kalkstandorten eine Blaugrashalde (Seslerion-Semperviretum), die zonal erst in der alpinen Stufe weit über unserer oberen Almwirtschaftszone entgegentritt. Auf den Werfener Schichten entwickelte sich hingegen der Bürstlingrasen (Aveno-Nardetum) an Stelle natürlicher, tiefsubalpiner Fichtenwälder. Bestandteil der traditionellen Almwirtschaft des Untersuchungsgebietes waren auch die Mähwiesen, die heute nur noch teilweise mit ihren bestandesbildenden Arten von Rasenschmiele, Ruchgras, Sauer- bzw. Alpenampfer u. a. erhalten sind.

Am auffälligsten ist nun im Zuge des Rückganges der Weideausnutzung der letzten 25 Jahre, daß beispielsweise die oberen Hangpartien um 1600 m Höhe der oberen Nutzungszone nicht mehr häufig vom Vieh beweidet werden. Im Zuge der Galtalmenumwandlung und Extensivierung der Almwirtschaft beginnen im Nardetum Latschen und vor allem der Zwergwacholder „zuzuwachsen". Dies kann unmittelbar an den südexponierten Hängen oberhalb der Alpinen Forschungsstation beobachtet werden. H. Hartl [3] untersuchte die Entstehung von Lärchenwiesen im Bereiche der Bischlingshöhe und des Ladenberges im Zuge des Rückganges des Viehauftriebes und der verminderten Weideausnutzung durch das Melkvieh. Als weiteres Folgestadium fand H. Hartl [3] die Verbuschung durch Latschen und Wacholder.

Diese Befunde stehen mit den Untersuchungen O. Nestroys [4] im Einklang, der im Rahmen seiner bodengeographischen Kartierungen im Bereiche der Alpinen Forschungsstation feststellte, daß sich die Verminderung des Viehauftriebes und das geringere Beweiden der Oberhanglagen unmittelbar auf die Bodendynamik auswirken. Seit Einsetzen des almgeographischen Strukturwandels findet eine ausgesprochene Regenerierung der Betritt-Pseudovergleyung in den silikatischen Braunerden des Untersuchungsgebietes statt. Im Rahmen der traditionellen Almwirtschaft waren im zoogenen Mikroterrassengelände (Viehgangeln) die obersten 3 cm des A-Horizontes verdichtet, so daß Tagwasserstau einsetzen konnte und dadurch wechselnde Oxydationen und Reduktionen (Pseudovergleyung) in Gang gesetzt wurden, die den obersten Partien der Humushorizonte dieser Böden ein rostfleckiges-fahlfleckiges Aussehen verliehen. Nunmehr beginnen im Zuge der Weideextensivierung nicht nur die Viehgangeln ihr frisches Aussehen zu verlieren, sondern es zeigt sich, daß im Zuge ihrer Vernarbung und des geringeren und viel weniger häufigeren Viehbetrittes die Verdichtungsstruktur der obersten Bodenbereiche gemindert wird, wodurch der Tagwasserstau sehr stark und rasch abnimmt, ein Umstand, der sich auch profilmorphologisch bereits im Nachlassen der Farbintensität der Pseudogley-Fleckigkeit und in der Minderung deren Häufigkeit auswirkt. Die Extensivierung der Beweidung in den letzten 25 Jahren prägt sich jedoch auch dahingehend aus, daß durch den geringeren Verbiß des Nardetums der organische Bestandesabfall, der im Zuge der traditionellen Almwirtschaft ständig reduziert wurde, nun vermehrt in den Humuskreislauf eingeführt wird und sich in einer Verstärkung der Dicke des Auflagehumushorizontes auswirkt.

Hinsichtlich der morphodynamischen Prozesse laufen derzeit noch die Untersuchungen, es sei jedoch hier auf einen bestimmten Umstand hingewiesen, der mit den

Wandlungserscheinungen der Pedosphäre zusammenhängt. Im Falle intakter Bodenverdichtungen, wie sie bei häufigem Viehtritt typisch waren, erfolgte bei sommerlichen Starkregen ein schichtflutenförmiger Abfluß auf den Weidesteilhängen, ohne daß lineare Sammlungen des Niederschlages sogleich stattfanden. Diese Tatsache prägte sich auch in zungen- und lobenförmigen im Dekameterbereich liegenden Überschüttungen des in den Werfener Schichten liegenden Geländes durch allochthone Dolomit-Kleinschuttmassen aus den oberen geologischen Stockwerken aus. Durch das Nachlassen des Viehtrittes nimmt nun in den letzten Jahren auch das Versickerungsausmaß des Niederschlages zu, wodurch schichtflutenförmige Abflüsse gemindert werden.

Der almgeographische Strukturwandel der Untersuchungsgemeinde Werfenweng ist eng mit fremdenverkehrsgeographischen Inwertsetzungen verknüpft. Obwohl die wenigen noch funktionierenden Sennereibetriebe verkehrsmäßig gut mit dem Gebiet der Heimgüter verbunden sind, werden Milch, Buttermilch, Butter und Sauerkäse nicht mehr zu den Heimgütern gebracht, sondern hauptsächlich an Fremde verkauft, da heute der Verkauf der Milchprodukte unmittelbar auf den Almen sich als rentabler als die aufwändige Belieferung der Heimgüter erweist.

Von Bedeutung war die verstärkte fremdenverkehrswirtschaftliche Erschließung des Gebietes durch den 1969 erfolgten Bau der Tennengebirgsbahnen. Im Zuge dieser Erschließung kam es zur Verpachtung einzelner Almhütten als Ferien-Zweithäuser, ein Vorgang, der jedenfalls ein irreparables Wüstfallen von Objekten verhinderte. Ferner erfolgten Aufkäufe durch in- und ausländische Ausmärker. Der Ladenberg bietet den Schauplatz derartiger sozialgeographischer Phänomene. Von den 28 Gebäuden des Ladenberges haben bereits 13 die Funktion eines Zweitwohnsitzes. Aus dem früheren Almweiler ist heute ein lockeres Haufendorf geworden. Das Gebiet des Ladenberges und der Bischlingshöhe erlitt größere landschaftliche Eingriffe auch durch die Anlage von Schilifttrassen und Schipisten. Dabei wurden Waldschneisen ausgeholzt, ferner wurden nach den pflanzensoziologischen Aufnahmen und Kartierungen H. Hartls [3] die durch die traditionelle Almwirtschaft bedingten Sekundärrasen entfernt. Bis auf eine dürftige Strohdeckensaat (Bitumen, Stroh, standortfremde Gräser) wurden alle anderen Bodenmeliorierungen unterlassen. Starke flächenhafte soil erosion mit Aufdeckung der C-Horizonte der Braunerden ist die Folge, bzw. es zerschneidet Rillenerosion besonders während und nach der Schneeschmelze die Hänge. Nicht nur die eigentlichen Schipisten werden im Vergleich zu den Prozessen der früheren Almwirtschaft morphodynamisch umgeprägt durch den verstärkten Bodenfeinabtrag, auch die subalpinen Nadelwaldränder der Schipisten zeigen durch den mechanischen Einschub von Kalkrohschutt mannigfache ökologische Beeinflussungen.

So wie durch die Aktivitäten des Fremdenverkehrs die sozialgeographische Struktur der alten Agrargemeinschaften am Ladenberg zerschlagen wurde, änderte sich auch damit der gesamte Landschaftshaushalt. Aus der Generalakte des Jahres 1910 kann man ersehen, wie sorgfältig die traditionelle Almwirtschaft landschaftsschonende Maßnahmen regulierte. Der Katalog reicht von Pflege und Sicherungsmaßnahmen des Weidebodens, vom Verbot der Abfuhr von Heu und Dünger aus der Almregion des Ladenberges bis zur Bewässerung von Böden bei Vorliegen sommerlicher Überhitzung mit Dürregefahr und andererseits bis zu den Maßnahmen, die der Verplaikung besonders im Naßgallenbereich Einhalt geboten. Besonderes Augenmerk wurde auf die Meliorierung von Rasenverletzungen und deren Besamung gelegt.

Im Zuge des modernen nun ca. 25 Jahre währenden Strukturwandels der Almwirtschaft unseres Untersuchungsgebietes ist der gesamte Landschaftshaushalt dieses hochmontanen-subalpinen Lebensraumes zweifelsohne aus dem Gleichgewicht geraten. Einerseits ergibt sich durch die Extensivierung des Weideganges in den höheren Geländepartien eine Rückeroberung der Weiden durch den Wald und damit ein allmähliches Schließen der seit dem Hochmittelalter sorgsam offen gehaltenen Landschaft. Anderseits stellen sich im Zuge von partiellen Überstockungen durch das Jungvieh besonders im tiefer gelegenen feuchten Kerbenbereich bedeutende Plaikenbildungen und andere flächenhafte Denudationsformen sehr junger Entstehung ein. Diese finden in der Flächenhaftigkeit ihrer Verbreitung eine Konvergenz in den enormen Bodenabtragungen, die durch den Einzug des tertiären Wirtschaftssektors gezündet wurden.

Literatur

[1] Riedl, H.: Grundzüge der geomorphologischen und pflanzengeographischen Verhältnisse im Bereich der Samer Alm, einer neuerrichteten Forschungsstation des Geographischen Institutes der Universität Salzburg. 70.—71. Jahresber. d. Sonnblick-Vereines. f. d. Jahre 1972—1973, Wien 1974.

[2] Koschitz, J.: Die Entwicklung der Almwirtschaft am Südrand des Tennengebirges. Hausarbeit Geograph. Institut Universität Salzburg, 1975.

[3] Hartl, H.: Eingriffe des Menschen in die Landschaft an der Südabdachung des Tennengebirges (Bischlinghöhe — Ladenberggebiet). Floristische Mitteilungen aus Salzburg, 1976, 1. Heft.

[4] Nestroy, O.: Die Böden im Bereiche der Alpinen Forschungsstation Samer Alm, Manuskript Wien 1975.

[5] Tollner, H., und G. Stockinger: Das Verhalten der Lufttemperatur in den Alpen und der vertikale Temperaturgradient im Tennengebirge in Abhängigkeit von Orographie, Jahreszeit, Tagesverlauf und Wetterlage. Manuskript, Salzburg, 1975.

[6] Zwittkovits, F.: Die Almen Österreichs. Selbstverlag Zillingdorf 1974.

[7] Spangenberg-Resmann, D.: Die Entwicklung der Almwirtschaft in den Oberpinzgauer Tauerntälern. Diss. Universität Salzburg, 1973.

Das Sonnblick-Observatorium als Meldestelle des amtlichen Salzburger Lawinenwarndienstes

Von Werner Mahringer, Salzburg

Mit 1 Abbildung

Der Aufgabenbereich, dem das Sonnblick-Observatorium in Erfüllung öffentlicher Interessen dient, hat in den letzten Jahren neue Erweiterungen erfahren: seit Dezember 1969 erhält der Lawinenwarndienst des Amtes der Salzburger Landesregierung während der Wintermonate von November bis April tägliche Meldungen über den Wetterzustand, den Schneedeckenaufbau, den Abgang von Lawinen sowie eine Beurteilung der Lawinengefahr. Damit liefert das Sonnblick-Observatorium einen wichtigen Beitrag zum Schutze vor Lawinen im Bundesland Salzburg.

Aufbau des Lawinenwarndienstes im Bundesland Salzburg

Der Lawinenwarndienst im Bundesland Salzburg besteht aus einer Zentralstelle, welche die täglich einlangenden Meldungen verarbeitet und zweimal täglich Lawinenlageberichte und Lawinenprognosen für die Öffentlichkeit herausgibt, einer Anzahl von Meldestellen in verschiedenen Berggebieten und Höhenlagen, welche Informationen über die Wettersituation, den Schneedeckenaufbau und die Lawinenaktivität übermitteln, und den örtlichen Lawinenkommissionen in den einzelnen Gemeinden, welche auf Grund aller verfügbaren Informationen temporäre Maßnahmen im Bereich der Siedlungen, Verkehrswege und Wintersportregionen treffen.

Die Beziehung zwischen diesen Stellen ist so konzipiert, daß a) von den Meldestellen die zur Erstellung der Lawinenlageberichte und Lawinenprognosen nötigen Informationen über die meteorologischen und schneephysikalischen Gegebenheiten an die Zentralstelle gelangen; b) auf Grund dieser Meldungen sowie unter Einbeziehung des Informationsmaterials des synoptischen Wetterdienstes zweimal täglich Lawinenlageberichte und Lawinenprognosen für die nächsten 24 Stunden erstellt werden, die c) den Lawinenkommissionen in den Gemeinden, den Verantwortlichen für die Sicherheit der Wintersportler sowie den Wintertouristen selbst die notwendigen Allgemeininformationen liefern, um die notwendigen Sicherheitsmaßnahmen wie Sperren, Warnungen, Vorsichtsmaßnahmen, lawinengerechtes Verhalten etc. wirksam werden zu lassen.

Ursachen von Lawinenabgängen

Der Frage, welche Informationen von den Meldestellen an die Zentrale gegeben werden müssen, muß eine Überlegung zugrunde gelegt werden, welche die dominierenden Ursachen für den Abgang von Lawinen sind. Man unterscheidet dabei meteorologische Faktoren, schneephysikalische Faktoren in der Schneedecke und Faktoren des Geländes und der Geländeoberfläche.

An meteorologischen Faktoren dominieren:

a) der Niederschlag, hier vor allem die Neuschneemenge innerhalb einer Niederschlagsphase sowie die Schneefallintensität, die durch fortschreitende Überlastung der Hänge zu Lockerschneelawinen führen;

b) der Wind, der bereits ab etwa 25 km/h zu Triebschneeverlagerungen und damit zu einer Überlastung der Leehänge sowie zur Bildung der gefährlichen Schneebretter führt;

c) Lufttemperatur- und Lufttemperaturänderungen, die in komplexer Weise die Metamorphose des Schnees beeinflussen, aber auch durch die Auslösung von Schmelzvorgängen zu einem Festigkeitsverlust innerhalb der Schneedecke führen können;

d) die Sonneneinstrahlung, die unabhängig von der Lufttemperatur zu örtlich stark unterschiedlichen intensiven Wärmeeinwirkungen führen kann.

Zur Übermittlung der Daten über diese lawinenbildenden Einflüsse werden vom Sonnblick-Observatorium täglich um 7 Uhr früh nach einem eigenen Verschlüsselungssystem Meldungen abgesetzt (siehe dazu die Tab. 1).

LEGENDE

W .... FEUCHTIGKEIT EINER SCHNEESCHICHTE

trocken	1	
schwach feucht ..	2	I
feucht	3	II
naß	4	III
sehr naß	5	IIII

F .... KORNFORM

Neuschnee, Kristalle in annähernd ursprünglicher Gestalt	 1	+ +
Neuschnee, filzig, beginnende abbauende Umwandlung	 2	⋏⋏
Altschnee, rundkörnig, Endstadium der abbauenden Umwandlung	 3	• •
Altschnee, eckige Körner, beginnende aufbauende Umwandlung	 4	□□
Schwimmschnee (Tiefenreif) Endprodukt der aufbauenden Umwandlung	 5	ΛΛ
runde Körner (gerundet durch Schmelzen und Gefrieren	 6	o o
Rauhreif	 7	VV
Harsch- und Eisschichten	 8	≡

D .... KORNGRÖSSE (anzugeben in mm)

kleiner als 0,5 mm:	sehr feinkörnig
0,5 bis 1 mm :	feinkörnig
1 bis 2 mm :	mittel
2 bis 4 mm :	grobkörnig
größer als 4 mm :	sehr grobkörnig

K .... HÄRTE EINER SCHNEESCHICHTE (HANDTEST)

sehr weich (Faust)	1
weich (4 Finger)	2
mittelhart (1 Finger)	3
hart (Bleistift)	4
sehr hart (Messerklinge)	5
Eisschicht	6

Abb. 1. Beispiel einer Schneeprofilaufnahme auf dem Meßfeld des Sonnblick-Observatoriums. Die Aufnahme der Rammwiderstandswerte erfolgte mit einer Rammsonde, die Messung der Schneetemperatur mit einem elektrischen Schneethermometer. Die Werte über die Feuchtigkeit des Schnees (*W*), die Korngestalt der Schneeschichten (*F*), die Korngröße (*D*), die Härte (*K*) wurden nach Graben eines Schneeschachtes durch optische Beobachtung ermittelt. Die Werte des Raumgewichtes des Schnees (*G*) wurden mit einem Schneestecher und einer Laufgewichtswaage durch vertikalen Abstich ermittelt.

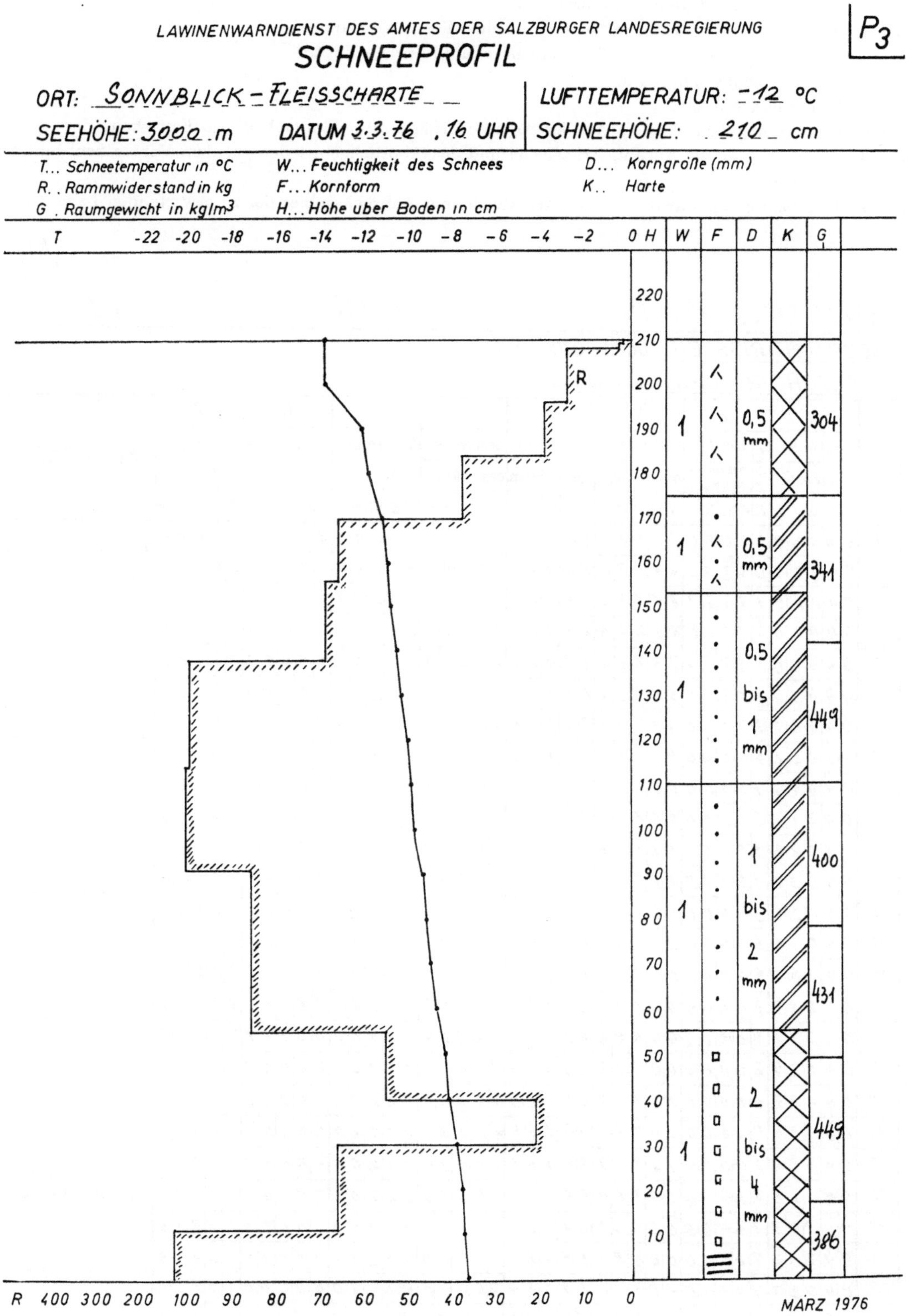

LAWINENWARNDIENST DES AMTES DER SALZBURGER LANDESREGIERUNG
P3
SCHNEEPROFIL
ORT: SONNBLICK - FLEISSCHARTE
LUFTTEMPERATUR: -12 °C
SEEHÖHE: 3000 m
DATUM 3.3.76 , 16 UHR
SCHNEEHÖHE: 210 cm
T... Schneetemperatur in °C
R.. Rammwiderstand in kg
G. Raumgewicht in kg/m³
W... Feuchtigkeit des Schnees
F... Kornform
H... Höhe über Boden in cm
D... Korngröße (mm)
K.. Härte
T -22 -20 -18 -16 -14 -12 -10 -8 -6 -4 -2 0 H W F D K G
220 210 200 190 180 170 160 150 140 130 120 110 100 90 80 70 60 50 40 30 20 10
R
0,5 mm
304
0,5 mm
341
0,5 bis 1 mm
449
1 bis 2 mm
400
431
2 bis 4 mm
449
386
R 400 300 200 100 90 80 70 60 50 40 30 20 10 0
MÄRZ 1976

Abb. 1

Tabelle 1. Beispiel für die täglichen Meldungen des Sonnblick-Observatoriums für den amtlichen Lawinenwarndienst

Es bedeuten:

Gruppe 1: 04 ... die Meldestellennummer des Sonnblick-Observatoriums beim amtlichen Lawinenwarndienst
ww ... Wetterzustand, verschlüsselt wie im synoptischen Dienst.
W ... Wetterverlauf.

Gruppe 2: N ... Bewölkungsmenge in Achtel der Himmelsfläche.
R ... Windrichtung nach einer achtteiligen Skala.
St ... Windstärke in Beaufort-Graden.

Gruppe 4: Ta ... Lufttemperatur in der synoptischen Verschlüsselung.
Tv ... Angaben über den Temperaturverlauf seit dem Vortag.
Ts ... Schneetemperatur.

Gruppe 5: Schneehöhen in cm.

Gruppe 6: Genaue Angaben über die Art der Schneeoberfläche, ihre Rauhigkeit und Festigkeit.

Gruppe 8: Angaben über die Anzahl, Art, Größe und das Abbruchgebiet der seit dem Vortag beobachteten Lawinen.

Gruppe 7: Beurteilung der Lawinengefahr, Art, Größe und Anbruchsgebiet der zu erwartenden Lawinen.

M1

Station: SONNBLICK **Monat:** MÄRZ 19 76

BEOBACHTUNGSZEIT: 0630 - 0700 UHR

BEOBACHTER: Wetterwarte Sonnblick

TAG	1			2			3			4			5		6			8					7					KLARTEXT
		Wetter		Wolken	Winde		Winde			Temperatur			Schneehöhe		Schneeoberfläche			Beobachtete Lawinen					Lawinengefahr					
		z. Zeit	Verlauf		gestern vorm	gestern nachm	nacht		jetzt	Luft		Schnee	gesamt	neu														
	Nr.	ww	W	N	R St	R St	R St	X	R St	Ta	Tv	Ts	HS	HN	SS	Sf	PS	8	L_1	L_2	L_3	L_4	7	L_1	L_2	L_3	L_5	
1.	04	02	0	1	00	00	77	X	76	56	3	58	200	00	36	2	03	8	4	1	4	4	7	4	1	8	2	
2.	04	02	0	0	77	00	77	X	76	58	2	61	200	00	36	2	04	8	0	0	0	0	7	4	1	8	1	
3.	04	02	0	1	77	77	87	X	85	61	1	64	200	00	36	2	04	8	0	0	0	0	7	4	1	8	1	
4.	04	02	0	0	77	86	86	X	86	63	2	65	200	00	36	2	05	8	0	0	0	0	7	4	1	8	1	
5.	04	02	0	1	17	77	77	X	76	68	1	66	200	00	46	2	00	8	0	0	0	0	7	4	1	8	1	
6.	04	48	7	4	17	00	55	X	64	69	1	71	200	01	46	2	00	8	0	0	0	0	7	4	1	8	1	
7.	04	48	7	7	00	00	00	X	14	75	1	71	200	04	21	1	04	8	X	X	X	X	7	4	1	8	1	
8.	04	02	2	4	00	00	55	X	55	70	1	69	200	00	42	7	00	8	0	0	0	0	7	4	1	8	1	
9.	04	41	7	7	55	00	00	X	51	67	1	68	200	01	21	1	01	8	0	0	0	0	7	3	2	8	1	
10.	04	71	7	9	00	00	00	X	83	71	1	73	210	12	21	1	10	8	X	X	X	X	7	1	8	8	4	
11.	04	02	3	1	00	00	87	X	87	71	1	70	210	10	32	2	10	8	0	0	0	0	7	3	7	8	6	
12.	04	03	0	1	87	75	76	X	75	65	1	67	210	00	32	2	10	8	3	7	6	1	7	3	7	8	5	
13.	04	02	7	3	00	00	56	X	52	63	1	65	210	00	32	2	06	8	1	4	6	1	7	5	4	8	3	
14.	04	02	1	3	00	56	55	X	53	62	1	65	210	00	32	2	08	8	3	7	6	1	7	3	7	8	6	
15.	04	70	2	9	00	00	00	X	52	61	1	60	210	02	11	1	08	8	3	7	6	1	7	3	8	8	7	
16.	04	48	7	7	00	00	00	X	72	63	1	63	210	06	11	1	10	8	X	X	X	X	7	3	8	8	6	
17.	04	71	2	9	00	00	00	X	83	62	1	60	220	04	11	1	08	8	3	7	7	1	7	3	8	8	5	
18.	04	02	4	2	00	00	00	X	73	63	1	59	220	01	12	1	08	8	0	0	0	0	7	3	8	8	3	
19.	04	48	7	7	00	00	00	X	66	60	1	60	220	02	22	2	02	8	0	0	0	0	7	3	7	6	1	
20.	04	73	7	9	76	00	00	X	73	66	1	65	240	20	01	1	20	8	X	X	X	X	7	1	8	8	4	
21.	04	37	4	2	00	00	78	X	77	69	1	66	240	20	32	2	05	8	X	X	X	X	7	5	7	6	7	
22.	04	02	3	1	77	00	65	X	64	68	1	67	240	00	32	2	05	8	1	7	6	1	7	5	7	9	6	L_3 1800 - 3000 m
23.	04	70	7	7	65	65	65	X	65	64	1	63	240	01	32	2	08	8	0	0	0	0	7	5	7	6	5	
24.	04	70	7	9	65	00	00	X	83	65	1	64	250	10	11	2	10	8	X	X	X	X	7	5	8	8	5	
25.	04	03	7	7	15	15	00	X	72	65	1	64	260	15	01	1	20	8	0	0	0	0	7	5	7	6	7	
26.	04	49	3	9	00	76	76	X	74	59	1	62	260	10	22	2	08	8	1	7	6	1	7	5	7	6	6	
27.	04	71	3	9	00	75	65	X	76	59	2	64	260	00	22	2	05	8	0	0	0	0	7	3	7	8	7	
28.	04	49	7	9	75	00	00	X	14	63	1	65	260	10	12	2	08	8	X	X	X	X	7	3	7	8	7	
29.	04	02	3	0	00	15	16	X	14	56	1	61	240	00	22	2	05	8	0	0	0	0	7	3	7	8	9	
30.	04	02	0	2	15	00	00	X	74	55	2	59	230	00	36	2	05	8	1	3	6	4	7	3	7	8	8	
31.	04	02	7	2	75	00	00	X	64	56	2	60	220	00	36	2	05	8	0	0	0	0	7	2	1	8	5	

LAWINENWARNDIENST DES AMTES DER SALZBURGER LANDESREGIERUNG MÄRZ 1976

Diese Meldungen enthalten ähnlich wie die synoptischen Meldungen des Wetterdienstes Angaben über Wetterzustand und Wetterverlauf, Bewölkung, Lufttemperatur, Wind und Schneehöhe, darüber hinaus aber eingehende Informationen über Schneetemperatur, Schneebeschaffenheit, Festigkeit und Beschaffenheit der Schneeoberfläche, beobachtete Lawinenaktivität nach Zahl, Art, Größe, Seehöhe und Hangrichtung sowie die vom Beobachter auf Grund seiner Lawinenkenntnisse erwarteten Lawinenaktivitäten. Zu diesem Zwecke wurden die Sonnblick-Beobachter in eigenen Kursen beim Amt der Salzburger Landesregierung ausgebildet.

Lawinenauslösung durch Faktoren des Schneedeckenaufbaues:

Die Ursache von Lawinenabgängen liegt nicht nur in den Wettereinflüssen begründet, die von außen auf die Schneedecke einwirken, sondern auch in der Schneedecke selbst. So bewirkt etwa Windeinwirkung infolge der Pressung und Packung der Schneeschichten eine Versprödung der Schneedecke, wodurch Spannungen über weite Strecken übertragen werden können. Derartige „Schneebretter" stellen Labilitätszonen dar, die noch Wochen nach ihrer Entstehung durch geringe äußere Anlässe zum Abbruch gelangen können.

Eingeschneite Harsch- oder Rauhreifschichten bilden oft den ganzen Winter über Gleithorizonte, auf denen die gesamte überlagerte Schneedecke plötzlich abgleiten kann.

Weiters kommt es im Inneren einer lockeren Schneedecke durch die oft sehr beträchtlichen vertikalen Temperaturgradienten zu einem Wasserdampftransport von den wärmeren unteren zu den kälteren höheren Schichten, wodurch es durch Sublimation zur Bildung von 5 bis 10 mm großen Schwimmschneekristallen kommt. Dieser „Schwimmschnee" verhält sich ähnlich wie Reis oder Perlen, das heißt, die einzelnen Körner besitzen untereinander praktisch keine Bindung und wirken daher im Sinne eines Kugellagers als ideale Gleitfläche.

Diese lawinenbildenden Faktoren, die weitgehend unabhängig vom aktuellen Wetterzustand sind, können nur durch eingehende Untersuchungen in der Schneedecke erfaßt werden. Daher gehört es zu den weiteren Aufgaben der Lawinenmeldestellen, auf sogenannten „Meßfeldern" Schneedeckenuntersuchungen durchzuführen.

Unterhalb des Sonnblick-Observatoriums auf der „Fleißscharte" in etwa 2990 m Seehöhe wurde ein annähernd horizontales 30×30 m großes Gebiet durch Schneepegel abgegrenzt bzw. markiert.

Mindestens alle Monate, in Zukunft voraussichtlich alle 14 Tage, werden dort durch Ramm- und Schichtprofile, wie sie in der Abb. 1 an einem Beispiel graphisch dargestellt sind, genaue Untersuchungen des Vertikalaufbaues der Winterschneedecke ermittelt. Diese Ergebnisse werden zur Beurteilung der Schneedeckenentwicklung, der Festigkeit der Schneedecke und der Abgangsbereitschaft von Schneeschichten herangezogen.

Zum Sonnblick-Bild von Thomas Ender

Zu dem im 58.—59. Jahresbericht des Sonnblickvereins für die Jahre 1960—1961 als Kunstdruck beigegebenem Bild nach einem Farbkunstdruck eines Werkes des Malers Thomas Ender (1793—1875) darf ergänzend berichtet werden:

Das Original ist ein Aquarell mit der Bezeichnung: Ansicht des Rauriser Goldberges mit der Knappenhütte. Wie die Nachforschungen ergaben, entstand dieses Bild im Jahre 1829 während einer der vielen Reisen und Bergwanderungen in unseren Alpen, die der Künstler mit Erzherzog Johann von Österreich unternommen hatte.

Erst 1964 war dieses Bild im Rahmen einer Kollektiv-Ausstellung über den bedeutenden Maler in der staatlichen Sammlung Albertina in Wien zu sehen. Über besonderes Entgegenkommen des Leiters der Sammlung, Univ.-Prof. Dr. Koschatzky war es möglich, von dem Original ein Farbdia zu erhalten. Diese einmalige Möglichkeit erschien um so wertvoller, als dieses Aquarell mit der Abbildung des Sonnblicks und seinem Gletscher schon fast 60 Jahre vor der Erbauung des Sonnblickobservatoriums entstanden ist und in sonst keiner öffentlichen Galerie zugängig ist. Es befindet sich mit vielen Werken des Künstlers im Besitz des Grafen von Meran, als Erben nach Erzherzog Johann von Österreich.

Ing. Luitpold Binder

Vereinsnachrichten

(Berichtszeitraum August 1974 bis Mai 1976)

Am 15. April 1975 und am 6. April 1976 fanden die Hauptversammlungen mit anschließenden Vorträgen statt. Der Verein hat im Berichtszeitraum 27 Mitglieder durch Tod verloren, unter ihnen drei hervorragende Vertreter der Wissenschaft, Univ.-Prof. Dr. Albert Defant und dessen Nachfolger als Vorstand des Instituts für Meteorologie und Geophysik an der Universität Innsbruck, Univ.-Prof. Dr. Herfried Hoinkes, sowie Univ.-Prof. Dr. Helmut Gams. Von den verstorbenen Mitgliedern waren Mag. pharm. Alexander Eperjesi, Reichenau, Rudolf Ritter, Korneuburg, Friedrich Gerstorfer und Günther Peckary, beide Wien, der Meteorologie durch ehrenamtliche oder berufliche Tätigkeit verbunden. Johann Mühlthaler, Rauris, langjähriger Sonnblickbeobachter, war ein stets hilfsbereiter Freund des Observatoriums.

Die Geldgebarung zeigte folgendes Bild:

Vortrag 1974	381 101,75 S
Einnahmen 1974	66 523,01
Ausgaben 1974	—184 291,55
Vortrag 1975	263 333,21
Einnahmen 1975	68 190,77
Ausgaben 1975	— 50 970,83
Vortrag 1976	280 553,15

Im Anschluß an die Hauptversammlungen hielt Univ.-Prof. Dr. Friedrich Lauscher einen Vortrag über einen Besuch der Kanarischen Inseln mit bedeutsamen Ausführungen über Klima, Vegetation und Vulkanismus. Ebenso vermittelte Univ.-Prof. Dr. W. Pillewizer einen Einblick in seine jahrzehntelangen Gletscherstudien in Europa, Asien und in der Arktis.

Bericht über die Tätigkeit des Sonnblickvereins

(August 1974 bis Mai 1976)

Von den meteorologischen Beobachtern waren Anton Wallner vom 1. Juni 1973 bis 30. April 1975 und Rupert Pirchl vom 1. Mai 1972 bis 31. Januar 1975 auf dem Sonnblick tätig. Derzeit versehen Friedrich Wallner (seit 22. Okt. 1973), Johann Lindler (seit 1. März 1975) und Ewald Eichler (seit 1. Mai 1975) ihren Dienst am Observatorium.

Im wissenschaftlichen Programm wurden die Vermessungen der Firn- und Eisfelder der Sonnblickgletscher durch Prof. Dr. H. Tollner vorgenommen, Messungen der Niederschlagsmenge und der Schneehöhen im gesamten Sonnblickgebiet fortgesetzt, ebenso Strahlungsmessungen, Schneeprofiluntersuchungen sowie Ablationsmessungen durchgeführt.

Im August und September 1975 konnte auf dem Goldberggletscher eine mobile Wärmehaushaltstation zur Bestimmung der einzelnen Komponenten in Betrieb genommen werden, wobei

Globalstrahlung, Reflexstrahlung, Strahlungsbilanz, Temperatur der Schneeoberfläche, Lufttemperatur und Luftfeuchte in zwei Höhen über der Schneedecke kontinuierlich registriert wurden.

Im Rahmen des wissenschaftlichen Programms der Hydrologischen Dekade wurden in Zusammenarbeit der Zentralanstalt für Meteorologie und Geodynamik mit der Lehrkanzel für Geophysik der Univ. Wien und dem Kartographischen Institut der Technischen Universität Wien die hochalpinen seismischen Eisdickemessungen am Obersulzbachkees und Untersulzbachkees sowie am Hornkees im Zillertal fortgesetzt.

Das wissenschaftliche Instrumentarium des Observatoriums wurde im Frühjahr 1976 zum Teil erneuert, zum Teil grundüberholt. Auch die elektrischen Leitungen vom Strahlungsturm und von den Meßstellen im Gelände bis in den Registrierraum des Observatoriums wurden erneuert und vielfach in Stahlrohre verlegt.

An der Vorbereitung für die 90-Jahr-Feier des Sonnblickobservatoriums im September 1976, die im Anschluß an die 14. Internationale Tagung für Alpine Meteorologie stattfindet, wird eifrig gearbeitet.

Der Betrieb der Materialseilbahn wurde in beiden Berichtsjahren, nämlich am 7. April 1975 und am 16. Januar 1976, durch Lawinenabgänge und Beschädigung einer Fangstütze bzw. durch Eisansatz am Tragseil und dadurch verursachte Entgleisung des Wagens stark beeinträchtigt. Es bedurfte größter Anstrengungen und der Hilfe des Katastropheneinsatzes des Bundesheeres und der Gendarmerie durch Bereitstellung von Hubschraubern, der Tauernkraftwerke durch Abseilen von Spezialmonteuren und der raschen Reparaturarbeit der Rauriser Werkstätte Neureiter, um die Schäden wieder zu beheben.

Die routinemäßigen Überprüfungs- und Servicearbeiten durch die Seilbahnexperten und die Lieferfirmen wurden ordnungsgemäß durchgeführt, verschiedene Einzelteile neu angeschafft.

Für die Fertigstellung dieses Jahresberichtes haben folgende Firmen in dankenswerter Weise Druckkostenbeiträge geleistet:

Austria Tabak Werke AG. / Erzhütte AG. / J. C. König & Ebhardt / Ebenseer-Solvay-Werke / Minerva, wissenschaftl. Buchhandlung / Schmidtstahlwerke AG. / Wiener Porzellanmanufaktur Augarten / Prof. Dr. Herbert Wycital, Zivilingenieur.

Ergebnisse der meteorologischen Beobachtungen auf dem Sonnblickgipfel (3106,5 m)[1] aus dem Jahre 1974

	Luftdruck[2], mm			Temperatur, °C			Bewölkung Zehntel	Niederschlagsmenge[3] mm		Zahl der Tage mit				Tage				Sonnenscheindauer in Stunden	Windstärke m/sec
					Absolutes														
	Mittel	Max.	Min.	Mittel	Max.	Min.		N	S	Niederschlag ≧ 0,1 mm	Schnee	Nebel	Sturm	Heitere	Trübe	Frost-	Eis-		
Jänner	519,9	526,5	514,3	− 9,0	− 0,1	− 16,9	6,5	114	186	20	20	22	12	4	11	31	31	119	6,3
Februar	513,5	520,4	496,1	− 11,8	− 5,0	− 18,6	7,9	96	118	21	21	25	12	1	16	28	28	76	6,9
März	517,4	525,8	509,7	− 9,8	− 0,2	− 17,6	7,3	53	102	17	17	26	10	1	16	31	31	138	6,6
April	515,8	521,8	510,0	− 9,2	− 2,7	− 16,5	7,8	104	191	23	23	27	4	1	18	30	30	139	5,0
Mai	519,0	526,0	509,6	− 5,2	1,0	− 11,6	7,6	82	134	18	18	28	0	1	17	31	27	149	4,5
Juni	521,4	529,4	513,9	− 2,5	5,7	− 9,9	7,8	116	194	24	25	29	7	1	16	28	14	134	5,1
Juli	524,9	531,0	518,6	0,6	9,9	− 6,8	7,7	125	161	21	19	31	5	0	17	21	5	156	5,4
August	526,8	534,7	518,4	3,3	11,7	− 5,2	6,9	87	181	19	9	25	3	1	12	11	1	190	4,3
September	523,0	531,1	508,5	− 0,3	8,3	− 8,6	6,6	110	195	18	17	25	7	2	12	20	9	155	4,6
Oktober	513,8	521,1	502,7	− 10,8	− 4,2	− 17,5	8,3	177	331	31	31	31	5	0	17	31	31	88	4,8
November	517,4	522,5	504,4	− 9,7	− 2,0	− 18,4	6,8	135	242	17	17	20	14	1	10	30	30	119	7,2
Dezember	519,4	528,2	505,2	− 10,0	− 1,2	− 21,6	6,6	143	297	24	24	25	16	2	13	31	31	81	7,1
Jahr	519,4	534,7	496,1	− 6,2	11,7	− 21,6	7,3	1342	2332	253	241	314	95	15	175	323	268	1544	5,7

Totalisatorenbeobachtungen im Sonnblickgebiet, 1974 (Millimeter Wasserwert)

	I.	II.	III.	IV.	V.	VI.	VII.	VIII.	IX.	X.	XI.	XII.	Jahr
Kolm-Saigurn, 1600 m	139	64	93	139	7	250	246	150	221	150	152	194	1805
Radhaus, 2117 m	28	80	100	128	80	220	264	172	272	92	72	92	1600
Unterhalb der Rojacherhütte, 2580 m	204	136	88	196	308	348	332	212	280	288	266	338	2996
Hoher Sonnblick, 3076 m (horizontale Auffangfläche)	408	132	108	232	276	400	356	200	244	292	284	364	3296
Hoher Sonnblick, 3076 m (hangparallele Auffangfläche)	408	200	148	328	372	480	540	320	464	200	292	344	4096
Oberes Fleißkees, 2808 m	164	92	96	160	140	212	276	176	268	100	144	208	2036
Unteres Fleißkees, 2558 m	112	80	108	148	116	168	244	152	312	168	128	216	1952

Schneepegelbeobachtungen im Sonnblickgebiet, 1974 (Schneehöhe in Zentimetern am 1. jedes Monats sowie Firnrest in Zentimetern am Tage der Neufestsetzung des Pegelnulls)

	I.	II.	III.	IV.	V.	VI.	VII.	VIII.	IX.	X.	XI.	XII.	Firnrest	am
Naßfeld, 1630 m	52	77	90	40	—	—	—	—	—	28	69	65	0	3. Okt.
Unterer Goldbergkeesboden, 2480 m	202	270	295	308	380	340	310	185	Eis	—[4]	175	—[5]	0	3. Okt.
Oberer Goldbergkeesboden, 2710 m	200	220	270	280	335	320	321	211	72	0	153	—[5]	63	3. Okt.
Oberer Steilhang des Goldbergkees, 2850 m	200	220	260	295	370	350	360	270	140	0	200	—[5]	60	3. Okt.
Brettscharte, unterer Pegel, Goldbergkees 2890 m	210	250	270	280	360	340	360	280	140	70	190	—[5]	50	3. Okt.
Brettscharte, oberer Pegel, Goldbergkees 2920 m	230	240	280	290	370	360	380	310	150	70	200	—[5]	20	3. Okt.
Fleißscharte, 2990 m	175	170	243	309	392	395	385	280	165	65	165	190	110	3. Okt.
Oberes Fleißkees (Pilatusscharte), 2880 m	180	220	330	—[6]	—[6]	—[6]	—[6]	320	—[6]	130	270	280	10	3. Okt.
Fleißkees, Mitte, 2910 m	110	160	170	180	245	260	260	200	100	130	200	210	0	3. Okt.
Fleißkees, unterer Boden, 2840 m	320	410	460	485	570	570	540	510	450	140	180	280	340	3. Okt.

[1] Beobachtungstermine ab 1. Jänner 1971: 7, 14 und 19 Uhr. [2] Die Korrekturen wurden bereits angebracht: $B_c = -0,70$ mm und $G_c = -0,21$ mm. [3] Ombrometer-Aufstellungen nördlich und südlich vom Observatoriumsgebäude. [4] Pegelversetzung wegen Eis nicht möglich. [5] Pegelablesung wegen Lawinengefahr unmöglich. [6] Pegel nicht auffindbar.

Ergebnisse der meteorologischen Beobachtungen auf dem Sonnblickgipfel (3106,5 m)[1] aus dem Jahre 1975

	Luftdruck[2], mm			Temperatur, °C			Bewölkung Zehntel	Niederschlagsmenge[3] mm		Zahl der Tage mit				Tage				Sonnenscheindauer in Stunden	Windstärke m/sec
					Absolutes					Niederschlag ≧ 0,1 mm									
	Mittel	Max.	Min.	Mitte	Max.	Min.		N	S		Schnee	Nebel	Sturm	Heitere	Trübe	Frost-	Eis-		
Jänner	519,7	525,9	509,5	— 9,2	— 0,2	— 19,6	6,2	101	179	19	19	21	11	5	10	31	31	123	7,1
Februar	519,8	526,3	509,2	— 12,0	— 4,9	— 20,7	3,9	36	81	10	10	12	11	13	5	28	28	198	7,3
März	512,0	520,2	505,3	— 11,0	— 3,5	— 19,0	8,1	274	211	26	26	28	8	1	21	31	31	89	5,9
April	517,0	523,8	508,5	— 8,5	— 0,2	— 18,4	7,4	260	294	21	21	25	9	3	19	30	30	131	6,0
Mai	521,0	529,8	516,2	— 2,7	4,8	— 10,0	7,2	235	149	20	19	26	6	1	14	30	17	165	5,1
Juni	522,6	528,2	514,7	— 0,8	8,8	— 9,6	8,2	141	198	20	16	29	3	1	18	22	10	91	4,3
Juli	525,5	530,8	517,3	1,8	11,0	— 8,2	6,8	139	207	17	12	27	3	2	12	19	4	195	4,1
August	525,9	531,2	520,1	1,5	9,8	— 4,1	7,7	118	164	15	13	31	0	0	14	13	2	129	4,6
September	526,6	536,9	518,0	2,0	12,0	— 7,8	6,6	46	81	18	15	24	8	2	9	14	2	163	5,0
Oktober	523,0	532,4	513,2	— 4,7	7,1	— 12,9	6,0	73	69	10	10	20	7	7	14	28	21	166	5,6
November	517,7	527,5	505,4	— 9,0	— 0,2	— 25,0	6,2	91	176	17	17	21	15	2	11	30	30	104	7,8
Dezember	520,1	528,3	508,4	— 8,7	— 0,2	— 17,8	3,9	58	108	10	10	12	18	14	7	31	31	181	8,2
Jahr	520,9	536,9	505,3	— 5,1	12,0	— 25,0	6,5	1572	1917	203	188	276	99	51	154	307	237	1736	5,9

Totalisatorenbeobachtungen im Sonnblickgebiet, 1975 (Millimeter Wasserwert)

	I.	II.	III.	IV.	V.	VI.	VII.	VIII.	IX.	X.	XI.	XII.	Jahr
Kolm-Saigurn, 1600 m	207	61	302	273	282	218	200	154	21	61	193	29	2001
Radhaus, 2117 m	84	48	171	173	228	144	188	232	48	80	172	12	1580
Unterhalb der Rojacherhütte, 2580 m	264	52	304	308	368	352	272	208	100	76	320	40	2664
Hoher Sonnblick, 3076 m (horizontale Auffangfläche)	316	84	180	244	104	360	416	180	88	48	156	224	2400
Hoher Sonnblick, 3076 m (hangparallele Auffangfläche)	356	104	244	316	284	488	228	400	140	104	228	200	3092
Oberes Fleißkees, 2808 m	156	40	209	191	284	164	336	236	84	52	136	56	1944
Unteres Fleißkees, 2558 m	136	36	183	165	220	136	264	192	84	72	128	24	1636

Schneepegelbeobachtungen im Sonnblickgebiet, 1975 (Schneehöhe in Zentimetern am 1. jedes Monats sowie Firnrest in Zentimetern am Tage der Neufestsetzung des Pegelnulls)

	I.	II.	III.	IV.	V.	VI.	VII.	VIII.	IX.	X.	XI.	XII.	Firnrest	am
Naßfeld, 1630 m	95	158	120	250	180	22	—	—	—	—	—	70	0	1. Okt.
Unterer Goldbergkeesboden, 2480 m	360	460	401	—[4]	—[5]	—[5]	—[5]	292	135	0	39	110	20	1. Okt.
Oberer Goldbergkeesboden, 2710 m	278	342	350	—[4]	470	465	440	200	75	0	44	90	Eis	1. Okt.
Oberer Steilhang des Goldbergkees, 2850 m	350	430	440	—[4]	—[5]	—[5]	—[5]	390	320	0	5	120	110	1. Okt.
Brettscharte, unterer Pegel, Goldbergkees, 2890 m	295	—	460	—[4]	—[5]	—[5]	—[5]	370	230	0	10	110	170	1. Okt.
Brettscharte, oberer Pegel, Goldbergkees, 2920 m	350	420	390	—[4]	—[5]	—[5]	—[5]	480	450	0	5	90	240	1. Okt.
Fleißscharte, 2990 m	158	199	160	—[4]	467	450	405	275	170	0	24	95	201	1. Okt.
Oberes Fleißkees (Pilatusscharte), 2880 m	360	460	385	—[4]	—[5]	—[5]	—[5]	550	470	0	35	120	300	1. Okt.
Fleißkees, Mitte, 2910 m	200	230	215	—[4]	—[5]	—[5]	—[5]	330	240	0	20	80	150	1. Okt.
Fleißkees, unterer Boden, 2840 m	320	450	400	—[4]	780	710	660	590	510	0	40	130	450	1. Okt.

[1] Beobachtungstermine ab 1. Jänner 1971: 7, 14 und 19 Uhr. [2] Die Korrekturen wurden bereits angebracht: $B_c = -0{,}61$ mm und $G_c = -0{,}21$ mm. [3] Ombrometer-Aufstellungen nördlich und südlich vom Observatoriumsgebäude. [4] Ablesung wegen extremer Lawinengefahr nicht möglich. [5] Pegel verschneit (Schneehöhe mehr als 5 m).